高等职业教育 土建施工类专业教材

GAODENG ZHIYE JIAOYU TUJIAN SHIGONGLEI ZHUANYE JIAOCAI

建筑工程测量实训

JIANZHU GONGCHENG CELIANG SHIXUN

主　编　姜树辉　巨　辉
副主编　宗　琴　邓鑫洁
参　编　唐　丽　秦万英　王文进　陈明建　唐开荣

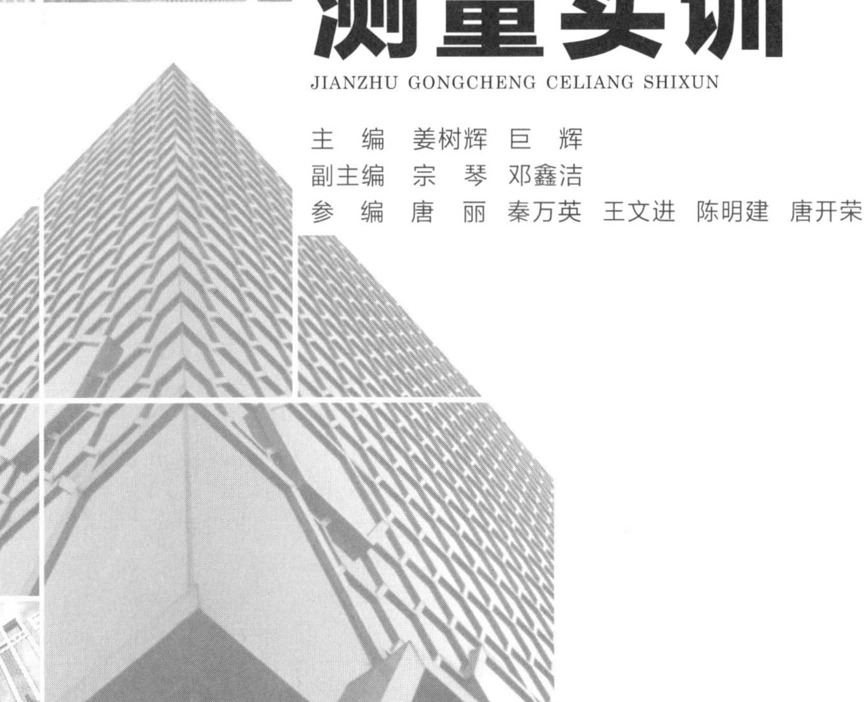

重庆大学出版社

内容提要

本书是“建筑工程测量”课程的配套实训教材，立足于高职高专土建类专业建筑工程测量实训教学的需要，突出学生测量岗位职业能力的培养。实训内容按项目开展，并以任务驱动的形式进行编排。全书主要内容分为两大部分：一是建筑工程测量课内实训，二是建筑工程测量综合实训。书中前十个课内实训项目均配有操作视频，学生可扫描对应二维码观看。

本书可作为高职高专院校建筑工程技术、工程造价、工程管理、工程监理等土建类专业的教材，也可作为建筑工程施工单位岗位培训用书或参考书，还可作为其他从事工程测量的技术人员的参考用书。

图书在版编目(CIP)数据

建筑工程测量实训 / 姜树辉，巨辉主编. -- 重庆：重庆大学出版社，2020.6(2021.9 重印)
高等职业教育土建施工类专业教材
ISBN 978-7-5689-2133-6

Ⅰ. ①建… Ⅱ. ①姜… ②巨… Ⅲ. ①建筑测量—高等职业教育—教材 Ⅳ. ①TU198

中国版本图书馆 CIP 数据核字(2020)第 071605 号

高等职业教育土建施工类专业教材
建筑工程测量实训
主　编　姜树辉　巨　辉
副主编　宗　琴　邓鑫洁
责任编辑：范春青　　版式设计：范春青
责任校对：谢　芳　　责任印制：赵　晟
*
重庆大学出版社出版发行
出版人：饶帮华
社址：重庆市沙坪坝区大学城西路 21 号
邮编：401331
电话：(023)88617190　88617185(中小学)
传真：(023)88617186　88617166
网址：http://www.cqup.com.cn
邮箱：fxk@cqup.com.cn(营销中心)
全国新华书店经销
重庆市国丰印务有限责任公司印刷
*
开本：787mm×1092mm　1/16　印张：9.25　字数：232 千
2020 年 6 月第 1 版　2021年 9 月第 2 次印刷
印数：3 001—6 000
ISBN 978-7-5689-2133-6　定价：39.00 元

前　言

“建筑工程测量”是一门实践性很强的课程，测量实训对学生完善知识体系和形成关键的职业能力，起着举足轻重的作用。本书是编者在总结多年高职高专建筑工程测量实训教学改革经验的基础上，结合企业标准，按照教育部高等职业教育土建类专业的人才培养要求编写的。

本书按照企业的生产过程和岗位能力标准，把建筑工程测量的主要实训内容分解为13个课内实训项目和4个综合实训项目。其中，13个课内实训项目主要用于教学中各章节课间实训教学；4个课程综合实训项目主要为期末集中实习周教学使用。实训项目的设置突出实用性和可操作性，基本涵盖了建筑工程测量所需要的基本技能和方法。不同专业的学生可根据培养要求和课时不同选做或合并部分实训内容。

本书的前十个实训内容录制了教学视频，以方便学生实训时观看。

本书由重庆建筑工程职业学院姜树辉、巨辉担任主编，宗琴、邓鑫洁担任副主编，唐丽、秦万英、王文进、陈明建、唐开荣参与编写。全书由姜树辉统稿。

在本书编写过程中编者参考了大量的文献资料，在此向原作者表示感谢；同时，本书的编写还得到重庆大学出版社的大力支持，在此也一并感谢。

由于编者的水平有限，书中难免存在疏漏和错误，敬请读者批评指正。

编　者

2020年3月

目　录

建筑工程测量实训须知

一、实训目的

"建筑工程测量"是一门实践性很强的专业基础课程，建筑工程测量实训是建筑工程测量教学环节中不可缺少的环节。学生必须通过仪器操作、观测、记录、计算、绘图、编写实训报告等实践教学环节的训练，才能巩固好课堂所学的基本理论，掌握测量仪器操作的基本技能和测量作业的基本方法，从而培养分析问题、解决问题的能力以及认真、负责、严格、精细、实事求是的科学态度和工作作风。

二、实训要求

1. 测量实训之前，必须认真阅读实训书并复习《建筑工程测量》教材中的相关内容，弄清基本概念和实训目的、要求、方法、步骤以及有关注意事项，使实训工作能顺利地按计划完成。

2. 测量实训之前，按实训书中提出的要求，准备好所需文具，如铅笔、小刀、计算器、直尺等。

3. 实训分小组进行，每个实训小组 4 ~ 5 人。其中，正组长负责组织和协调实训的各项工作，副组长负责仪器、工具的借领、保管和归还。

4. 对实训规定的各项内容，小组内每人均应轮流操作，需要每人提交的实训报告应独立完成。

5. 实训应在规定时间内进行，不得无故缺席、迟到或早退；实训应在指定地点进行，不得擅自变更地点。

6. 必须遵守实训书中所列的"测量仪器、工具的借用规定"和"测量实训报告记录与计算要求”。

7. 应认真听取实训指导教师的讲解，具体操作应按实训指导书的要求、步骤进行。

8. 测量实训中出现仪器故障、工具损坏和丢失等情况时，必须及时向指导教师报告，不可随意自行处理。

9. 测量实训结束后，应把观测记录和实训报告交实训指导教师审阅，经教师认可后方可收拾和清理仪器、工具，并归还仪器室。

三、测量仪器、工具的借用规定

测量仪器一般都比较贵重，对测量仪器的正确使用、精心爱护和科学保养，是从事测量工作的人员必须具备的素质和应该掌握的技能，也是保证测量成果质量、提高工作效率、延长仪器和工具使用寿命的必要条件。测量仪器、工具的借用必须遵守以下规定：

1. 以小组为单位，凭有效证件（学生证或身份证）前往仪器室，借领实训书上注明的仪器和工具。

2. 借领时，应确认实物与实训书上所列仪器、工具是否相符，仪器、工具是否完好，仪器背带和提手是否牢固。如有缺损，应立即补领或更换。借领时，各组依次由1～2人进入室内，在指定地点清点、检查仪器和工具，然后在登记表上填写班级，组号，借用的设备名称、数量及日期，借领人签名后将登记表和相关证件交由仪器室管理人员。

3. 仪器搬运前，应检查仪器箱是否锁好，搬运仪器、工具时应轻拿轻放，避免剧烈震动和碰撞。

4. 实训过程中，各组应妥善保护仪器、工具。各组间不得任意调换仪器、工具。

5. 实训结束后，应清理仪器、工具上的泥土，雨天时应将仪器和工具上的水分擦拭干净后再装箱。及时收装仪器、工具，送还仪器室检查，并取回证件。

6. 爱护测量仪器、工具，若有损坏或遗失，应填写报告单说明情况，并按学院有关规定进行赔偿。

四、测量实训报告记录与计算要求

1. 测量记录必须直接填在规定的表格内，随测随记，不得转抄。

2. 凡记录表格上规定应填写的项目不得空白。

3. 观测者读数后，记录者应立即回报读数，以防听错、记错。

4. 记录与计算应使用2H或3H绘图铅笔。字体应端正清晰、数字齐全、数位对齐、字脚靠近对应格子的底线，字体大小应略大于格子的一半，以便留出空隙改错。

5. 测量记录的数据应写齐规定的位数，规定的位数视要求的不同而不同。对普通测量而言，水准测量和距离测量以米为单位，小数点后记录3位；角度的分和秒取两位记录位数，表示精度或占位的“0”均不能省略，如水准尺读数2.45 m，应记为2.450 m；角度读数21°5′6″应为21°05′06″。

6. 数据禁止擦拭、涂抹与挖补，发现错误数据应在错误数据处用单横线整齐画改，不得使原始记录模糊不清。修改局部(非尾数)错误时,则将局部数字画去,将正确数字写在原数字上方。所有记录的修改和观测成果的淘汰,必须在备注栏注明原因(如测错、记错或超限等)。

7. 观测数据的尾数部分不准更改,应将该部分观测值废去重测。角度测量中分和秒的读数、水准测量和距离测量中厘米和毫米的读数不许更改。

8. 禁止连续更改,即有计算关系的观测数据和计算结果不能同时更改超过 2 个数据。如水准测量的黑、红面读数,角度测量中的盘左、盘右读数,距离丈量中的往、返测读数等,均不能同时更改,否则应重测。

9. 数据的计算应根据所取的位数,按“4 舍 6 入,5 前单进双舍”的规则进行凑整。例如,若取至毫米位,则 1.108 4 m、1.107 6 m、1.108 5 m、1.107 5 m 都应记为 1.108 m。

10. 每个测站观测结束后,必须在现场完成规定的计算和检核,确认无误后方可迁站。

五、测量仪器、工具的操作规程

(一)打开仪器箱时的注意事项

1. 仪器箱应平放在地面或其他平台上才能开箱,不要托在手上或抱在怀里开箱,以免不小心将仪器摔坏。

2. 开箱后未取出仪器前,要注意仪器安放的位置与方向,以免使用完毕装箱时因安放位置不正确而损伤仪器。

(二)自箱内取出仪器时的注意事项

1. 不论何种仪器,在取出前一定要先放松制动螺旋,以免取出仪器时因强行扭转而损坏制动、微动装置,甚至损坏轴系。

2. 自箱内取出仪器时,应一只手握住照准部支架,另一只手扶住基座部分,轻拿轻放,切记不能用一只手抓仪器。

3. 自箱内取出仪器后,要随即将仪器箱盖好,以免沙土、杂草、水汽等不洁之物进入箱内;同时还要防止搬动仪器时丢失附件。

4. 取仪器过程中,要注意避免触摸仪器的目镜、物镜或用手帕等物去擦仪器的目镜、物镜等光学部分。

(三)架设仪器时的注意事项

1. 伸缩式脚架三条腿抽出后,要把固定螺旋拧紧,但不可用力过猛,以防造成螺旋滑丝;防止因螺旋未拧紧,脚架自行收缩,从而摔坏仪器。三条腿拉出的长度要适中。

2. 架设脚架时,三条腿分开的跨度要适中。并得太靠拢易被碰倒,分得太开易滑,都会造成事故。若在斜坡上架设仪器,应使两条腿在坡下(可稍放长),一条腿在坡上(可稍缩短)。若在光滑地面上架设仪器,要采取安全措施(如用细绳将三脚架连接起来或使用防滑板),防止滑动摔坏仪器。

3. 架设仪器时,应使架头大致水平(安置经纬仪的脚架时,架头的中央圆孔应大致与地面测站点对中)。若为泥土地面,应将脚架尖插入土中,以防仪器下沉。

4. 从仪器箱取出仪器时,应一只手握住照准部支架,另一只手扶住基座部分,然后将仪器轻轻安放到三脚架头上。一只手仍握住照准部支架,另一只手将中心连接螺旋旋入基座底板的连接孔内,然后旋紧。要防止因忘记拧上连接螺旋或拧得不紧而摔坏仪器。

5. 仪器箱不能承重,故不可踏、坐仪器箱。

(四)仪器在使用过程中的要求

1. 在阳光下或雨天作业时必须撑伞,防止日晒或雨淋(包括仪器箱)。

2. 任何时候仪器旁必须有人守护,禁止无关人员搬弄,防止行人车辆碰撞。

3. 如遇目镜、物镜外表面蒙上水汽而影响观测,应稍等一会儿或用纸片扇风使水汽散尽;如镜头有灰尘,应用仪器箱中的软毛刷拂去或用镜头纸轻轻拭去。严禁用手指或手帕等物擦拭,以免损坏镜头上的药膜。观测结束后应及时盖上物镜盖。

4. 转动仪器时,应先松开制动螺旋,然后平稳转动。使用微动螺旋时,应先旋紧制动螺旋。

5. 操作仪器时,用力要均匀,动作要准确轻缓。用力过大或动作太猛都会造成仪器损伤。制动螺旋不能拧得太紧,微动螺旋和脚螺旋不要旋到顶端,宜使用中段螺纹。使用各种螺旋不要用力过大或动作太猛,应用力均匀,以免损伤螺纹。

6. 仪器使用完毕装箱前要放松各制动螺旋,装入箱内要试合一下,在确认安放正确后将各部制动螺旋略微旋紧,防止仪器在箱内自由转动而损坏某些部件。

7. 清点箱内附件,若无缺失则将箱盖合上、扣紧、锁好。

8. 仪器发生故障时,应立即停止使用,并及时向指导教师报告。

(五)仪器的搬迁

1. 远距离迁站或通过行走不便的地区时,必须将仪器装箱后再迁站。

2. 近距离且平坦地区迁站时,可将仪器连同脚架一同搬迁。其方法是:先检查连接螺旋是否旋紧,然后松开各制动螺旋使仪器保持初始位置(经纬仪望远镜物镜对向度盘中心,水准仪物镜向后),再收拢三脚架,一只手托住仪器的支架或基座于胸前,另一只手抱住脚架放在肋下,稳步行走。严禁斜扛仪器或奔跑,以防碰摔。

3. 迁站时,应清点所有的仪器和工具,防止丢失。

(六)仪器的装箱

1. 仪器使用完毕应及时清除仪器上的灰尘和仪器箱、脚架上的泥土,盖上物镜盖。

2. 仪器拆卸时应先松开各制动螺旋,将脚螺旋旋至中段大致同高的地方,再一只手握住照准部支架,另一只手将中心连接螺旋旋开,双手将仪器取下装箱。

3. 仪器装箱时应使仪器就位正确,试合箱盖,确认放妥后再拧紧各制动螺旋;检查仪器箱内的附件是否缺少,然后关箱上锁。若箱盖合不上,说明仪器位置未放置正确或未将脚螺旋旋至中段,应重放,切不可强压箱盖,以免压坏仪器。

4. 清点所有的仪器和工具,防止丢失。

（七）测量工具的使用

1. 钢尺使用时应避免打结、扭曲，防止行人踩踏和车辆碾压，以免钢尺折断。携尺前进时，应将尺身离地提起，不得在地面上拖拽，以防钢尺尺面刻划磨损。钢尺用毕后，应将其擦净并涂油防锈。钢尺收卷时，应一人拉持尺环，另一人把尺顺序卷入，防止绞结、扭断。

2. 皮尺使用时，应均匀用力拉伸，避免强力拉拽而使皮尺断裂。如果皮尺浸水受潮，应及时晾干。皮尺收卷时，切忌扭转卷入。

3. 各种标尺和花杆使用时，应注意防水、防潮和防止横向受力。不用时安放稳妥，不得垫坐，不要将标尺和花杆随便往树上或墙上立靠，以防滑倒摔坏或磨损尺面。花杆不得用于抬东西或作标枪投掷。塔尺的使用，还应注意接口处的正确连接，用后及时收尺。

4. 测图板的使用，应注意保护板面，不准乱戳乱画，不能施以重压。

5. 小件工具如垂球、测钎和尺垫等，使用完即收起，防止遗失。

六、建筑工程测量实训成绩考核办法

建筑工程测量实训是建筑工程测量课堂教学期间每一章节讲授之后安排的实际操作训练，是学生加深对知识理解、锻炼技能的必要途径。每个测量实训项目均附有记录表格，学生应根据实训要求记录并作相关计算，在每次实训结束时提交。各实训项目的成绩根据学生在实训过程中的表现综合评定，并以不小于40%的比例计入期末总成绩。

第一部分

建筑工程测量课内实训项目

实训项目一
经纬仪的认识、使用与2C值检验

一、目的和要求

实训操作视频

1. 认识电子经纬仪的基本构造和主要部件的名称，并了解其作用。
2. 练习经纬仪的安置、对中、调平、瞄准与读数。
3. 测量指定目标的盘左和盘右读数，每人不少于三个目标。
4. 计算仪器的2C值大小。

二、仪器和工具

各小组电子经纬仪一台、脚架一副、支架对中杆一副、铅笔、记录板等。

三、实训内容及步骤

(一)经纬仪的安置

1. 在地面打一个木桩，桩顶钉一个小钉，或在水泥地面画十字作为测站点。

2. 安置。松开三脚架，安置于测站上，使其高度适当，架头大致水平。打开仪器箱，双手握住仪器支架，将仪器取出置于架头上。一只手紧握支架，另一只手拧紧连接旋钮，并使圆水准器位于观测者方便观察的位置。（注意：脚架上各固定螺旋和连接螺旋适当拧紧）

3. 对中。眼睛观测光学对中器标记中心与测站标记的偏差，通过移动三脚架的两只脚，使两者大致对齐，并注意架头水平，踩紧三脚架；再通过脚螺旋使两者精确对准。

4. 粗平。选择两个方向的脚架腿，通过伸缩调整三脚架的高度，使圆气泡位于圆水准器中央。

5. 精平。松开水平制动旋钮，转动照准部，使水准管平行于任意一对脚螺旋的连线，两手同时向内(或向外)转动这两只脚螺旋,使气泡居中。将仪器绕竖轴向左(或向右)转动大约 90°,使水准管垂直于原来两脚螺旋的连线,转动第三只脚螺旋,使气泡居中;如此反复调试,直到仪器转到任何方向,气泡中心不偏离水准管零点一格为止。

6. 检查对中情况。若对中偏差未超过 1 mm,对中调平工作结束;否则,稍微松开架头的连接旋钮,两手扶住基座,在架头上平移仪器,使光学对中器标记中心精确对准测站标记,再拧紧连接旋钮,重复第 5 步、第 6 步操作,直至对中偏离测站标记中心不超过 1 mm,而且仪器转到任何方向气泡中心不偏离水准管零点一格为止。

(二)瞄准目标

1. 将望远镜对向天空(或白色墙面),转动目镜对光螺旋使十字丝清晰。

2. 用望远镜上的概略瞄准器瞄准目标,再从望远镜中观看,若目标位于视场内,可固定望远镜制动螺旋和水平制动螺旋。

3. 转动物镜对光螺旋使目标影像清晰,再调节望远镜和照准部微动螺旋,用十字丝的纵丝平分目标(或将目标夹在双丝中间)。

4. 眼睛微微左右移动,检查有无视差,若有,转动目镜和物镜对光螺旋予以消除。

(三)读数

电子经纬仪可直接从显示屏上读取水平读数(HR)或竖直读数(V)。

(四)目标观测、读数、记录练习

小组每个成员以指定的目标进行下列项目的练习:

(1)盘左瞄准目标,读出水平度盘读数(HR),记录在实训报告上。

(2)纵转望远镜,盘右再瞄准该目标,读出水平度盘读数(HR),记录在实训报告上。

(3)计算仪器的 2C 值,2C = 盘左读数 - (盘右读数 ±180°),2C 值的大小反映仪器视准轴误差的大小,通常也可根据各目标 2C 值互差大小检核瞄准和读数是否正确。

(五)电子经纬仪操作键功能练习

电子经纬仪操作键如图 1.1 所示。

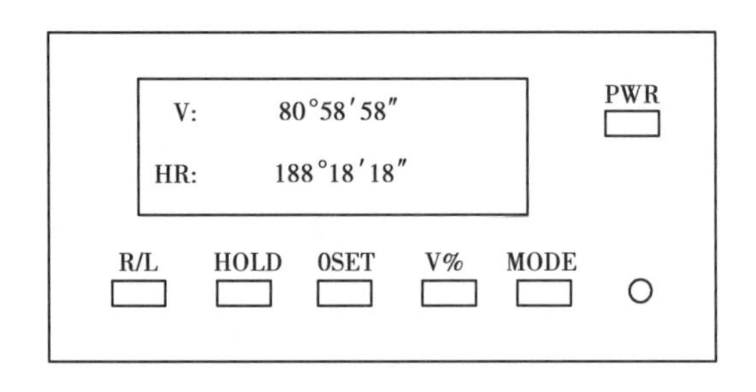

图 1.1　电子经纬仪操作键示意图

R/L(水平读数状态切换键):HR 表示水平读数会随着仪器顺时针旋转读数变大,HL 表示水平读数会随着仪器逆时针旋转读数变大。

HOLD（锁定键）：快速按两次该键，水平读数将被锁定，再按一次该键即可解锁。

0SET（归零键）：快速按两次该键，水平读数将被设置成 0°00′00″。

V%（竖直读数状态切换键）：按一次该键，竖直读数将以坡度显示；再按一次，又以竖直读数显示。

MODE（模式键）：该键只有与测距仪连接才有作用。

PWR（电源键）：开机长按此键 1 s，关机长按此键 2 s。

四、实训注意事项

1. 当一人操作时，小组其他人员只进行言语协助，严禁多人同时操作一台仪器。

2. 仪器的各个螺旋要正确使用，要稳、轻、慢，切勿用力太大。

3. 水平制动螺旋或竖直制动螺旋拧紧时，严禁强制转动仪器，以免破坏仪器制动系统。

4. 各脚螺旋转到头后切勿继续再转，以防脱扣。

5. 照准目标时，要根据目标情况正确使用单丝和双丝，并且上半测回瞄准目标某个部位，下半测回仍要照准目标的同一位置。

五、实训思考及抽查内容

实训结束时，指导教师将从每个实训小组中抽查 1 ~ 2 名同学回答以下问题或演示指定操作：

1. 演示经纬仪对中调平。

2. 回答电子经纬仪每个按键的功能。

3. 思考并回答光学经纬仪和电子经纬仪的异同点。

4. 演示瞄准目标以及目镜和物镜调焦的步骤。要求目标照准精确，十字丝和目标均清晰。

六、实训报告

日期：　　　　天气：　　　　仪器编号：

组别：　　　　姓名：　　　　学　　号：

测　站	目　标	盘左读数/(° ′ ″)	盘右读数/(° ′ ″)	2C 值/(″)	备　注

七、自我评估与同学互评

实训项目				
小组编号		场地号	实训者	
序　号	评估项目	分　值	实训要求	自我评定
1	任务完成情况	30	按时按要求完成实训任务	
2	测量精度	20	成果符合限差要求	
3	实训记录	20	记录规范、完整，计算准确	
4	实训纪律	15	遵守课堂纪律，无事故，仪器未损坏	
5	团队合作	15	服从组长安排，能配合其他成员工作	

实训总结与反思：

小组其他成员评价得分：________、________、________、________

组长评价得分：________

八、教师评价

实训项目				
小组编号		场地号	实训者	
序　号	考核项目	分　值	实训要求	考核评定
1	操作程序	20	操作动作规范，操作程序正确	
2	操作速度	20	按时完成实训	
3	安全操作	10	无事故发生	
4	数据记录	10	记录规范，无转抄、涂改、抄袭等	
5	测量成果	30	计算准确，精度符合规定要求	
6	团队合作	10	服从组长安排，能配合其他成员工作	

存在的问题：

指导教师：　　　　　　　　　　　　评价时间：

实训项目二

测回法测量水平角

一、目的和要求

实训操作视频

1. 进一步熟悉电子经纬仪的使用。

2. 练习用测回法测量水平角的方法，并掌握记录、计算和精度评定的方法。

3. 每人对同一角度观测 2 测回，上、下半测回角值之差不得超过 ±40″，各测回角值互差不得大于 ±24″。

二、仪器和工具

各小组电子经纬仪一台、脚架一副、支架对中杆一副、铅笔、计算器、记录板等。

三、实训内容和步骤

(一)实训内容

各小组将仪器安置在指定的测站点上，用测回法测量指定的目标形成的水平角，小组每个成员均至少测量 2 个测回。

(二)具体过程

仪器安置在测站点 O 点，对中整平后，瞄准选定的 A、B 两个目标进行观测（A 在观测者的左侧、B 在右侧）。

1. 盘左，转动照准部精确瞄准目标 A，归零（0SET），将水平读数 a_1 记入观测手簿。

2. 顺时针方向转动照准部，精确瞄准目标 B，将水平读数 b_1 记入观测手簿。

$$盘左测得\angle AOB 为 \beta_{左} = b_1 - a_1$$

3. 纵转望远镜为盘右，先瞄准目标 B，将水平读数 b_2 记入观测手簿，逆时针方向转动照准部，再瞄准目标 A，将水平读数 a_2 记入观测手簿。

$$盘右测得\angle AOB 为 \beta_{右} = b_2 - a_2$$

4. 若上、下半测回角之差不大于 40″，计算一测回角值 $\beta = (\beta_{左} + \beta_{右})/2$；否则，重新测量。

以上即为一个测回的水平角测量过程。

5. 如果需要观测 N 个测回时，应将起始方向 A 的水平度盘读数安置于 $180°/N$ 附近，如本次实训每个小组成员测量 2 个测回，那么起始方向度盘配置可按照第一测回略大于 0°，第二测回配置成略大于 90°。

6. 小组各成员所测得的各测回角值互差应不大于 ±24″，再计算各个测回的平均角值作为最终结果。

四、实训注意事项

1. 在记录前，首先要弄清记录表格的填写次序和填写方法。

2. 每一测回测量期间，要注意水准管气泡是否在中间，如果偏离零点超过一格，应重新整平，并重测该测回。

3. 照准目标时，要根据目标情况正确使用单丝和双丝，并且上半测回瞄准目标某个部位，下半测回仍要照准目标的同一位置。

4. 测量水平角时，应注意先测观测者左手目标再测观测者右手目标，这样测定的水平角才是观测者正向面对的水平角。

五、实训思考及抽查内容

实训结束时，指导教师将从每个实训小组中抽查 1～2 名同学回答以下问题或演示指定操作：

1. 为什么要用盘左和盘右同时测量水平角？

2. 在一测回水平角测量过程中，若上半测回测完后不小心将仪器碰了一下，导致水准管气泡偏离中心超过 2 格，在这种情况下，该如何继续进行？

3. 测量水平角时先测观测者左手目标再测观测者右手目标，与先测观测者右手目标再测观测者左手目标有什么区别？

4. 演示一测回水平角测量照准目标的顺序。

六、实训报告

水平角观测手簿(测回法)

日期：　　　　　　　　　　天气：　　　　　　　　　　仪器编号：

组别：　　　　　　　　　　姓名：　　　　　　　　　　学　　号：

测站	竖盘位置	目　标	水平度盘读数/(° ′ ″)	半测回角值/(° ′ ″)	一测回角值/(° ′ ″)	各测回平均角值/(° ′ ″)

七、自我评估与同学互评

实训项目					
小组编号		场地号		实训者	
序　号	评估项目	分　值	实训要求		自我评定
1	任务完成情况	30	按时按要求完成实训任务		
2	测量精度	20	成果符合限差要求		
3	实训记录	20	记录规范、完整,计算准确		
4	实训纪律	15	遵守课堂纪律,无事故,仪器未损坏		
5	团队合作	15	服从组长安排,能配合其他成员工作		

实训总结与反思:

小组其他成员评价得分:________、________、________、________

组长评价得分:________

八、教师评价

实训项目					
小组编号		场地号		实训者	
序　号	考核项目	分　值	实训要求		考核评定
1	操作程序	20	操作动作规范,操作程序正确		
2	操作速度	20	按时完成实训		
3	安全操作	10	无事故发生		
4	数据记录	10	记录规范,无转抄、涂改、抄袭等		
5	测量成果	30	计算准确,精度符合规定要求		
6	团队合作	10	服从组长安排,能配合其他成员工作		

存在的问题:

指导教师:　　　　　　　　　　　　评价时间:

实训项目三

全圆方向法测量水平角

一、目的和要求

实训操作视频

1. 练习全圆方向法测量水平角的操作方法，并掌握记录和计算方法。
2. 半测回归零差不得超过 ±18″。
3. 各测回方向值互差不得超过 ±24″。

二、仪器和工具

各小组经纬仪一台、脚架一副、支架对中杆一副、记录板一个、计算器、铅笔等。

三、实训内容和步骤

(一)实训内容

每个小组将仪器安置在指定的测站点上，用全圆方向法测量指定的目标形成的水平角，小组每个成员均需测量 1 个测回。

(二)具体过程

1. 在测站点 O 处安置仪器，对中、整平后，选定 A、B、C、D 四个目标。
2. 盘左瞄准起始目标 A，并使水平度盘读数略大于零，读数并记录。
3. 顺时针方向转动照准部，依次瞄准 B、C、D、A 各目标，分别读取水平度盘读数并记录，检查归零差是否超限。
4. 纵转望远镜，盘右，逆时针方向依次瞄准 A、D、C、B、A 各目标，读数并记录，检查归零差是否超限。

5. 计算。同一方向两倍视准误差 2C = 盘左读数 -（盘右读数 ±180°）；各方向的平均读数 = [盘左读数 +（盘右读数 ±180°）]/2；将各方向的平均读数减去起始方向的平均数，即得各方向的归零方向值。

各小组可根据小组成员数确定测回数的多少。例如小组有 6 个成员，则每人测一个测回，共 6 个测回，按 180°/6，则第一测回起始方向 *A* 的水平度盘读数略大于 0°，第二测回起始方向 *A* 的水平度盘读数设置成略大于 30°，第三测回起始方向 *A* 的水平度盘读数设置成略大于 60°，依次类推。各测回同一方向归零方向值的互差不超过 ±24″。取得平均值，作为该方向的结果。

四、实训注意事项

1. 在记录前，首先要弄清记录表格的填写次序和填写方法。

2. 每一测回测量期间，要注意水准管气泡是否在中间，如果偏离零点超过一格，应重新整平，并重测该测回。

3. 照准目标时，要根据目标情况正确使用竖丝的单丝和双丝，并且上半测回瞄准目标的某个部位，下半测回仍要照准目标的同一位置。

五、实训思考及抽查内容

实训结束时，指导教师将从每个实训小组中抽查 1 ~2 名同学回答以下问题或演示指定操作：

1. 演示一测回方向法测量水平角照准目标的顺序。

2. 全圆方向观测法测量水平角过程中衡量精度有哪几个指标？限差依次是多少？

3. 全圆方向观测法和测回法各适用于什么情况？

4. 演示或回答通过本次实训总结出检查仪器 2C 值大小的方法。

六、实训报告

水平角观测手簿（方向观测法）

日期：　　　　　　天气：　　　　　　仪器编号：

组别：　　　　　　姓名：　　　　　　学　　号：

测站	测回数	目标	读　数/(° ′ ″)		2C /(″)	平均读数 /(° ′ ″)	归零后的方向值/(° ′ ″)	各测回归零方向值的平均值/(° ′ ″)
			盘　左	盘　右				

续表

测站	测回数	目标	读　数/(° ′ ″)		2C/(″)	平均读数/(° ′ ″)	归零后的方向值/(° ′ ″)	各测回归零方向值的平均值/(° ′ ″)
			盘　左	盘　右				

七、自我评估与同学互评

<table>
<tr><td>实训项目</td><td colspan="5"></td></tr>
<tr><td>小组编号</td><td colspan="2"></td><td>场地号</td><td>实训者</td><td></td></tr>
<tr><td>序　号</td><td>评估项目</td><td>分　值</td><td colspan="2">实训要求</td><td>自我评定</td></tr>
<tr><td>1</td><td>任务完成情况</td><td>30</td><td colspan="2">按时按要求完成实训任务</td><td></td></tr>
<tr><td>2</td><td>测量精度</td><td>20</td><td colspan="2">成果符合限差要求</td><td></td></tr>
<tr><td>3</td><td>实训记录</td><td>20</td><td colspan="2">记录规范、完整，计算准确</td><td></td></tr>
<tr><td>4</td><td>实训纪律</td><td>15</td><td colspan="2">遵守课堂纪律，无事故，仪器未损坏</td><td></td></tr>
<tr><td>5</td><td>团队合作</td><td>15</td><td colspan="2">服从组长安排，能配合其他成员工作</td><td></td></tr>
<tr><td colspan="6">实训总结与反思：

小组其他成员评价得分：________、________、________、________
组长评价得分：________</td></tr>
</table>

八、教师评价

<table>
<tr><td>实训项目</td><td colspan="5"></td></tr>
<tr><td>小组编号</td><td colspan="2"></td><td>场地号</td><td>实训者</td><td></td></tr>
<tr><td>序　号</td><td>考核项目</td><td>分　值</td><td colspan="2">实训要求</td><td>考核评定</td></tr>
<tr><td>1</td><td>操作程序</td><td>20</td><td colspan="2">操作动作规范，操作程序正确</td><td></td></tr>
<tr><td>2</td><td>操作速度</td><td>20</td><td colspan="2">按时完成实训</td><td></td></tr>
<tr><td>3</td><td>安全操作</td><td>10</td><td colspan="2">无事故发生</td><td></td></tr>
<tr><td>4</td><td>数据记录</td><td>10</td><td colspan="2">记录规范，无转抄、涂改、抄袭等</td><td></td></tr>
<tr><td>5</td><td>测量成果</td><td>30</td><td colspan="2">计算准确，精度符合规定要求</td><td></td></tr>
<tr><td>6</td><td>团队合作</td><td>10</td><td colspan="2">服从组长安排，能配合其他成员工作</td><td></td></tr>
<tr><td colspan="6">存在的问题：

指导教师：　　　　　　　　　　　　评价时间：</td></tr>
</table>

实训项目四
竖直角测量与竖盘指标差的检验

实训操作视频

一、目的和要求

1. 练习竖直角观测，掌握记录及计算的方法。
2. 了解竖盘指标差的检查和计算方法。
3. 同一组所测得的竖盘指标差的互差不得超过±25″。

二、仪器和工具

各小组电子经纬仪一台、脚架一副、铅笔、计算器、记录板等。

三、实训内容和步骤

(一)实训内容

各小组将仪器安置在指定的测站点上，测量指定目标的竖直角。小组每个成员均需测量3个以上的目标，每个目标1个测回。

(二)具体过程

1. 在测站 O 处安置仪器，对中、整平后，选定 A、B、C 三个目标。

2. 先观察一下竖盘注记形式并写出竖直角的计算公式：盘左将望远镜大致放平，观察竖盘读数；然后将望远镜慢慢上仰，观察读数变化情况。若读数减小，竖盘为顺时针注记，则竖直角等于视线水平时的读数减去瞄准目标时的读数；反之，竖盘为逆时针注记，则竖直角等于瞄准目标时的读数减去视线水平时的读数。

3. 盘左,用十字丝中横丝切于 A 目标顶端,转动竖盘指标水准管微动螺旋,使竖盘指标水准管气泡居中(电子经纬仪无此项操作),读取竖盘读数 L,记入手簿并算出竖直角 α_L。

若竖盘为顺时针注记,$\alpha_L = 90° - L$;否则 $\alpha_L = L - 90°$。

4. 盘右,用同样方法观测 A 目标,读取盘右读数 R,记录并算出竖直角 α_R。

若竖盘为逆时针注记,$\alpha_R = R - 270°$;否则,$\alpha_R = 270° - R$。

5. 计算竖盘指标差

$$x = \frac{1}{2}(\alpha_R - \alpha_L) \quad 或 \quad x = \frac{1}{2}(L + R - 360°)$$

6. 计算竖直角平均值

$$\alpha = \frac{1}{2}(\alpha_L + \alpha_R) \quad 或 \quad \alpha = \frac{1}{2}(R - L - 180°)$$

7. 用同法测定 B、C 目标的竖直角并计算出竖盘指标差。检查指标差的互差是否超限。

四、实训注意事项

1. 在记录前,首先要弄清记录表格的填写次序和填写方法。

2. 每一测回测量期间,要注意水准管气泡是否在中间,如果偏离零点超过一格,应重新整平,并重测该测回。

3. 照准目标时,要根据目标情况正确使用横丝的单丝和双丝,并且上半测回瞄准目标某个部位,下半测回仍要照准目标的同一位置。

4. 计算竖直角和指标差时,应注意正、负号。

五、实训思考及抽查内容

实训结束时,指导教师将从每个实训小组中抽查 1 ~ 2 名同学回答以下问题或演示指定操作:

1. 演示或回答判断仪器竖直度盘是顺时针注记还是逆时针注记的方法。

2. 竖直度盘是顺时针注记时,盘左和盘右的竖直角计算公式、指标差计算公式、一测回竖直角计算公式分别是什么?

3. 演示或回答通过本次实训总结出的检查仪器的指标差大小的方法。

六、实训报告

竖直角观测手簿

日期：　　　　　　　　　　　　天气：　　　　　　　　　　　　仪器编号：

组别：　　　　　　　　　　　　姓名：　　　　　　　　　　　　学　　号：

<table>
<tr><th>测站</th><th>目标</th><th>竖盘
位置</th><th>竖盘读数/(° ′ ″)</th><th>竖直角/(° ′ ″)</th><th>指标差
/(″)</th><th>平均竖直角
/(° ′ ″)</th></tr>
<tr><td rowspan="6"></td><td rowspan="2"></td><td></td><td></td><td></td><td rowspan="2"></td><td rowspan="6"></td></tr>
<tr><td></td><td></td><td></td></tr>
<tr><td rowspan="2"></td><td></td><td></td><td></td><td rowspan="2"></td></tr>
<tr><td></td><td></td><td></td></tr>
<tr><td rowspan="2"></td><td></td><td></td><td></td><td rowspan="2"></td></tr>
<tr><td></td><td></td><td></td></tr>
<tr><td rowspan="6"></td><td rowspan="2"></td><td></td><td></td><td></td><td rowspan="2"></td><td rowspan="6"></td></tr>
<tr><td></td><td></td><td></td></tr>
<tr><td rowspan="2"></td><td></td><td></td><td></td><td rowspan="2"></td></tr>
<tr><td></td><td></td><td></td></tr>
<tr><td rowspan="2"></td><td></td><td></td><td></td><td rowspan="2"></td></tr>
<tr><td></td><td></td><td></td></tr>
<tr><td rowspan="6"></td><td rowspan="2"></td><td></td><td></td><td></td><td rowspan="2"></td><td rowspan="6"></td></tr>
<tr><td></td><td></td><td></td></tr>
<tr><td rowspan="2"></td><td></td><td></td><td></td><td rowspan="2"></td></tr>
<tr><td></td><td></td><td></td></tr>
<tr><td rowspan="2"></td><td></td><td></td><td></td><td rowspan="2"></td></tr>
<tr><td></td><td></td><td></td></tr>
<tr><td rowspan="6"></td><td rowspan="2"></td><td></td><td></td><td></td><td rowspan="2"></td><td rowspan="6"></td></tr>
<tr><td></td><td></td><td></td></tr>
<tr><td rowspan="2"></td><td></td><td></td><td></td><td rowspan="2"></td></tr>
<tr><td></td><td></td><td></td></tr>
<tr><td rowspan="2"></td><td></td><td></td><td></td><td rowspan="2"></td></tr>
<tr><td></td><td></td><td></td></tr>
</table>

七、自我评估与同学互评

实训项目				
小组编号		场地号		实训者
序　号	评估项目	分　值	实训要求	自我评定
1	任务完成情况	30	按时按要求完成实训任务	
2	测量精度	20	成果符合限差要求	
3	实训记录	20	记录规范、完整，计算准确	
4	实训纪律	15	遵守课堂纪律，无事故，仪器未损坏	
5	团队合作	15	服从组长安排，能配合其他成员工作	

实训总结与反思：

小组其他成员评价得分：＿＿＿＿＿＿、＿＿＿＿＿＿、＿＿＿＿＿＿、＿＿＿＿＿＿

组长评价得分：＿＿＿＿＿＿

八、教师评价

实训项目				
小组编号		场地号		实训者
序　号	考核项目	分　值	实训要求	考核评定
1	操作程序	20	操作动作规范，操作程序正确	
2	操作速度	20	按时完成实训	
3	安全操作	10	无事故发生	
4	数据记录	10	记录规范，无转抄、涂改、抄袭等	
5	测量成果	30	计算准确，精度符合规定要求	
6	团队合作	10	服从组长安排，能配合其他成员工作	

存在的问题：

指导教师：　　　　　　　　　　　　　　　评价时间：

实训项目五
全站仪角度、距离、高差与坐标测量

一、目的和要求

实训操作视频

1. 认识和掌握全站仪基本构造，认清其主要部件的名称及作用。
2. 熟练使用全站仪进行角度测量、距离测量、高差测量，并能进行相关设置。
3. 能使用全站仪进行坐标测量。

二、仪器和工具

各小组全站仪一台、脚架一副、支架对中杆一副、棱镜一个、铅笔、记录板等。

三、实训内容

(一)掌握初始化方法及按键功能

1. 开机初始化设置，盘左状态将望远镜纵向旋转一周，完成初始化设置。
2. 听实训指导教师讲解操作面板上按键的功能(按键分为数字键盘区、功能键区、测量模式区)。

(二)掌握仪器辅助设置(星键功能)

熟悉对比度调整，补偿器开关设置，屏幕灯光设置，温度、气压、棱镜常数设置。

(三)熟悉全站仪角度测量和距离测量方法

1. 水平角测量:测回法(盘左、盘右取平均值的方法)。

测角模式中的功能键:

置零:将任意方向的水平读数归零。

锁定:将水平读数锁定不动。

置盘:将仪器的水平读数设置成任意读数。

R/L:切换水平读数左旋增大或右旋增大。

2. 竖直角测量:盘左、盘右取平均值的方法。

V%:竖直读数和坡度的转换。

竖角:直接显示竖直角大小。

倾斜:竖轴补偿开启或关闭。

3. 距离测量(斜距、平距、高差)。

测量:启动测距。

模式:单次精测、连续精测、跟踪测量转换。

S/A:棱镜常数、温度、气压设置。

放样:水平距离放样。

m/ft:距离单位。

SD:斜距单位米和英寸的转换。

HD:水平距。

VD:垂距(测量高差时应注意输入仪器高和镜高)。

实训要求:利用全站仪的角度测量和距离测量功能测量指定点的水平角、竖直角、斜距、高差、水平距离,并记录在实训报告中。

(四)掌握利用全站仪进行坐标测量的方法

1. 测站设置。

2. 后视设置。

3. 坐标测量并记录。

实训要求:由实训指导教师实地指定两个已知点和若干个待测点,利用全站仪坐标测量功能测量待测点的三维坐标并记录在实训报告中。

四、实训注意事项

1. 全站仪是昂贵的精密仪器,使用时须十分小心谨慎。各螺旋要慢慢转动,转到头切勿再继续旋转。水平和竖直制动螺旋处于制动状态时,切勿强制旋转仪器照准部和望远镜。

2. 当一人操作时,小组其他人员只进行言语协助,严禁多人同时操作一台仪器。

3. 严禁将全站仪和支架对中杆棱镜置于一边无人看管。

4. 严禁坐、压仪器箱,全站仪取放时应轻拿轻放。观测期间应将仪器箱关闭。

五、实训思考及抽查内容

实训结束时，指导教师将从每个实训小组中抽查 1 ~2 名同学回答以下问题或演示指定操作：

1. 回答距离测量中的三种测量模式的区别及适用情况。
2. 回答全站仪的主要特点。
3. 回答或演示坐标测量的主要步骤。
4. 演示温度、气压、棱镜常数的设置。

六、实训报告

日期：　　　　天气：　　　　仪器编号：

组别：　　　　姓名：　　　　学　　号：

(一)水平角观测

测　站	竖盘位置	目　标	水平度盘读数/(° ′ ″)	半测回角值/(° ′ ″)	一测回角值/(° ′ ″)

(二)垂直角观测

测　站	目　标	竖盘位置	竖盘读数/(° ′ ″)	竖直角/(° ′ ″)	指标差/(″)	平均竖直角/(° ′ ″)

(三)距离观测

测　站	目　标	斜距/m	水平距离/m	高差/m	目标高/m

（四）坐标记录表

测站点坐标		X：	Y：	H：
后视点坐标		X：	Y：	H：
后视方位角				
点　号	X坐标	Y坐标	高程 H/m	操作者
1				
2				
3				

七、自我评估与同学互评

实训项目				
小组编号		场地号		实训者
序　号	评估项目	分　值	实训要求	自我评定
1	任务完成情况	30	按时按要求完成实训任务	
2	测量精度	20	成果符合限差要求	
3	实训记录	20	记录规范、完整，计算准确	
4	实训纪律	15	遵守课堂纪律，无事故，仪器未损坏	
5	团队合作	15	服从组长安排，能配合其他成员工作	
实训总结与反思： 小组其他成员评价得分：________、________、________、________ 组长评价得分：________				

八、教师评价

<table>
<tr><td colspan="2">实训项目</td><td colspan="8"></td></tr>
<tr><td colspan="2">小组编号</td><td colspan="3"></td><td>场地号</td><td></td><td>实训者</td><td colspan="2"></td></tr>
<tr><td>序　号</td><td colspan="2">考核项目</td><td>分　值</td><td colspan="5">实训要求</td><td>考核评定</td></tr>
<tr><td>1</td><td colspan="2">操作程序</td><td>20</td><td colspan="5">操作动作规范,操作程序正确</td><td></td></tr>
<tr><td>2</td><td colspan="2">操作速度</td><td>20</td><td colspan="5">按时完成实训</td><td></td></tr>
<tr><td>3</td><td colspan="2">安全操作</td><td>10</td><td colspan="5">无事故发生</td><td></td></tr>
<tr><td>4</td><td colspan="2">数据记录</td><td>10</td><td colspan="5">记录规范,无转抄、涂改、抄袭等</td><td></td></tr>
<tr><td>5</td><td colspan="2">测量成果</td><td>30</td><td colspan="5">计算准确,精度符合规定要求</td><td></td></tr>
<tr><td>6</td><td colspan="2">团队合作</td><td>10</td><td colspan="5">服从组长安排,能配合其他成员工作</td><td></td></tr>
<tr><td colspan="10">存在的问题:

指导教师:　　　　　　　　　　　　　　　　评价时间:</td></tr>
</table>

实训项目六
水准仪的认识、使用与 i 角误差检查

一、目的和要求

实训操作视频

1. 认识自动安平水准仪的基本构造，认清其主要部件的名称及作用。
2. 练习水准仪的安置、瞄准与读数。
3. 能使用水准仪测定地面两点间的高差。
4. 会进行水准仪 i 角误差检查。

二、仪器和工具

各小组自动安平水准仪一台、脚架和水准尺各一副、铅笔、计算器、记录板等。

三、实训内容及步骤

（一）安置仪器

将脚架张开，使其高度适当，架头大致水平，并将脚尖插入土中；再开箱取出仪器，将其固定在三脚架上。（注意：各固定螺旋和连接螺旋适当拧紧）

（二）认识仪器

指出自动安平水准仪各部件的名称，了解其作用并熟悉其使用方法，同时弄清水准尺的分划与注记。

（三）粗略整平

双手同时向内（或向外）转动一对脚旋钮，使圆水准气泡移动到中间，再转动另一只脚旋

钮使气泡居中,这一过程通常需反复进行。注意气泡移动的方向与左手拇指或右手食指运动的方向一致。

(四)瞄准水准尺、精平读数

1. 瞄准。竖立水准尺于某地面点上,松开水准仪制动螺旋,转动仪器,用准星和照门粗略瞄水准尺,固定制动螺旋,用微动螺旋使水准尺大致位于视场中央。转动目镜对光螺旋进行对光,使十字丝分划清晰,再转动物镜对光螺旋看清水准尺影像;转动水平微动螺旋,使十字丝纵丝靠近水准尺一侧,若存在视差,则应通过仔细对物镜和目镜对光予以消除。

2. 读数。用中丝在水准尺上读取 4 位读数,即精确至毫米位。读数时应先估出毫米数,然后按米、分米、厘米、毫米,一次读出 4 位数。

(五)测定地面两点间的高差

1. 每个小组在地面上选定 A、B 两个较坚固的点。

2. 在 A、B 两点之间安置水准仪,使仪器至 A、B 两点的距离大致相等,整平仪器读取后视读数和前视读数,计算两点间的高差。

3. 每个小组成员均须进行仪器安置、整平、瞄准、读数等操作,测出 A、B 两点的高差,变动仪器高度进行两次测量,将测量数据记录在实训报告中。计算并比较两次实测高差,差值应不超过 6 mm,否则重新测量。

(六)检查仪器 i 角误差

1. 每个小组在地面上选定 A、B 两个较坚固的点,两点之间距离 60 ~ 80 m。

2. 在 A、B 两点之间安置水准仪,使仪器至 A、B 两点的距离大致相等,整平仪器读取后视读数 a_1 和前视读数 b_1,计算两点间的高差 h_{AB}。

3. 将仪器安置在距离 A 点 3 m 处,整平仪器再读取后视读数 a_2 和前视读数 b_2,计算两点间的高差 h'_{AB}。

4. i 角误差的计算:

$$i = \frac{b_2 - [a_2 - (a_1 - b_1)]}{D_{AB}}\rho$$

式中,D_{AB}为 AB 两点间的距离;$\rho = 206\ 265''$。

四、实训注意事项

1. 安置仪器时,应将仪器中心螺旋拧紧,但不能太紧,以免破坏连接螺旋。

2. 仪器的各个螺旋要正确使用,操作要稳、轻、慢,切勿用力太大。

3. 水准尺应有人扶住,不能立在墙边或插入地下。

4. 各脚螺旋转到头后切勿继续再转,以防脱扣。

五、实训思考及抽查内容

实训结束时，指导教师将从每个实训小组中抽查1~2名同学回答以下问题或演示指定操作：

1. 回答水准仪在仪器安置过程中应注意的问题。
2. 回答目镜对光螺旋、物镜对光螺旋、脚螺旋的功能。
3. 演示仪器安置、圆水准器调平方法、读数。

六、实训报告

(一)变动仪高法测定两点间高差

日期：　　天气：　　仪器编号：

组别：　　姓名：　　学　　号：

测　点	后视读数/m	前视读数/m	高差/m	平均高差/m
—				
—				
—				
—				
—				
—				
—				
—				

(二)检查仪器的 i 角误差大小

日期：　　天气：　　仪器编号：

组别：　　姓名：　　学　　号：

测　点	仪器位置	后视读数/m	前视读数/m	高差/m	i 角误差/(″)
—	中间	a_1：	b_1：		
—	距 A 点 3 m	a_2：	b_2：		
—	中间	a_1：	b_1：		
—	距 A 点 3 m	a_2：	b_2：		

七、自我评估与同学互评

<table>
<tr><td colspan="2">实训项目</td><td colspan="4"></td></tr>
<tr><td colspan="2">小组编号</td><td>场地号</td><td></td><td>实训者</td><td></td></tr>
<tr><td>序　号</td><td>评估项目</td><td>分　值</td><td colspan="2">实训要求</td><td>自我评定</td></tr>
<tr><td>1</td><td>任务完成情况</td><td>30</td><td colspan="2">按时按要求完成实训任务</td><td></td></tr>
<tr><td>2</td><td>测量精度</td><td>20</td><td colspan="2">成果符合限差要求</td><td></td></tr>
<tr><td>3</td><td>实训记录</td><td>20</td><td colspan="2">记录规范、完整，计算准确</td><td></td></tr>
<tr><td>4</td><td>实训纪律</td><td>15</td><td colspan="2">遵守课堂纪律，无事故，仪器未损坏</td><td></td></tr>
<tr><td>5</td><td>团队合作</td><td>15</td><td colspan="2">服从组长安排，能配合其他成员工作</td><td></td></tr>
<tr><td colspan="6">实训总结与反思：

小组其他成员评价得分：________、________、________、________
组长评价得分：________</td></tr>
</table>

八、教师评价

<table>
<tr><td colspan="2">实训项目</td><td colspan="4"></td></tr>
<tr><td colspan="2">小组编号</td><td>场地号</td><td></td><td>实训者</td><td></td></tr>
<tr><td>序　号</td><td>考核项目</td><td>分　值</td><td colspan="2">实训要求</td><td>考核评定</td></tr>
<tr><td>1</td><td>操作程序</td><td>20</td><td colspan="2">操作动作规范，操作程序正确</td><td></td></tr>
<tr><td>2</td><td>操作速度</td><td>20</td><td colspan="2">按时完成实训</td><td></td></tr>
<tr><td>3</td><td>安全操作</td><td>10</td><td colspan="2">无事故发生</td><td></td></tr>
<tr><td>4</td><td>数据记录</td><td>10</td><td colspan="2">记录规范，无转抄、涂改、抄袭等</td><td></td></tr>
<tr><td>5</td><td>测量成果</td><td>30</td><td colspan="2">计算准确，精度符合规定要求</td><td></td></tr>
<tr><td>6</td><td>团队合作</td><td>10</td><td colspan="2">服从组长安排，能配合其他成员工作</td><td></td></tr>
<tr><td colspan="6">存在的问题：

指导教师：　　　　　　　　　　评价时间：</td></tr>
</table>

实训项目七

等外水准测量

实训操作视频

一、目的和要求

1. 进一步熟悉水准仪的使用方法和水准尺的读数方法。
2. 熟悉等外水准测量的观测、记录、计算与检核的方法。
3. 实验小组每个成员都应参与观测、记录、扶尺、计算等过程。
4. 使用变动仪高法或双面尺法进行测站检核。
5. 能进行水准路线成果计算。

二、仪器和工具

各小组自动安平水准仪一台、脚架和水准尺各一副、尺垫、铅笔、计算器、记录板等。

三、实训内容及步骤

(一)实训内容

完成指定线路的等外水准测量。在地面选定 B、C、D 等若干个坚固点作为待定高程点,BMA 为已知高程点,其高程值由实训教师提供。

(二)操作步骤

1. 安置仪器于点 A 和转点 TP1(或 B 点,放置尺垫)之间,目估前、后视距离大致相等,进行粗略整平和目镜对光。测站编号为 1。

2. 后视 A 点上的水准尺,读后视读数,记入实训报告中。

3. 前视 TP1(或 B 点)上的水准尺,读取前视读数,记入实训报告中。

4. 升高(或降低)仪器 10 cm 以上,重复步骤 2 与步骤 3。

5. 计算高差:高差等于后视读数减前视读数。两次测得高差之差不大于 6 mm 时,取其平均值作为平均高差。

6. 迁至第二站继续观测。沿选定的路线,将仪器迁到 TP1(或 B 点)和点 B(或 C 点)的中间,仍用第一站施测的方法,后视 TP1,前视点 B,依次连续设站,经过点 C 和点 D 连续观测,最后仍回至点 A。各测段根据情况设置转点,转点编号依次累加。

7. 计算检核:后视读数之和减前视读数之和应等于高差之和,也等于平均高差之和的两倍。

8. 在判断高差闭合差满足规定要求之后,对测量的水准路线进行成果计算,完成成果计算表。

四、实训注意事项

1. 在每次读数之前,应先消除视差,并使前、后视距离大致相等。

2. 在已知高程点和待定高程点上不能放置尺垫。转点用尺垫时,应将水准尺置于尺垫半圆球的顶点上。尺垫应踏入土中或置于坚固地面上,在观测过程中不得碰动仪器或尺垫,迁站时应保护前视尺垫不得移动。

3. 水准尺必须扶直,不得左右、前后倾斜。

4. 水准测量记录严禁转抄,应将数据直接记录在实训报告指定位置,不能用钢笔和圆珠笔记录,字迹要工整、清楚。

5. 水准读数记录格式要规范,以米或毫米为单位,并且必须记录满 4 位数字,0 不能省略。高差只能以米为单位,且必须注明正负号。

6. 各站观测时,立尺人员和观测人员要等记录人员将该站的数据记录计算完毕后才能迁站。在整个测量过程中,要注意转点的位置不能移动。

五、实训思考及抽查内容

实训结束时,指导教师将从每个实训小组中抽查 1 ~2 名同学回答以下问题:

1. 水准测量时,为何将水准仪安置在前后视距大致相等处?
2. 视差是怎么产生的? 应怎样消除?
3. 水准尺前后倾斜,对读数有什么影响?
4. 为什么要进行测站检核和计算检核?
5. 水准路线和测段的关系是什么?
6. 水准路线有哪几种形式? 各自的检核条件是什么?
7. 水准路线测站检核完成后是不是就一定能够达到规定的精度要求? 为什么?
8. 高差闭合差调整的原则是什么?

六、实训报告

日期：　　　　　　　　　　天气：　　　　　　　　　　仪器编号：

组别：　　　　　　　　　　姓名：　　　　　　　　　　学　　号：

测　站	测　点	水准尺读数/m		高差/m	平均高差/m
		后视读数	前视读数		

续表

测 站	测 点	水准尺读数/m		高差/m	平均高差/m
		后视读数	前视读数		
	Σ				

成果计算表

点号	距离/km	测　数	实测高差/m	改正数/mm	改正后高差/m	高程/m
∑						

七、自我评估与同学互评

实训项目					
小组编号		场地号		实训者	
序　号	评估项目	分　值	实训要求	自我评定	
1	任务完成情况	30	按时按要求完成实训任务		
2	测量精度	20	成果符合限差要求		
3	实训记录	20	记录规范、完整，计算准确		
4	实训纪律	15	遵守课堂纪律，无事故，仪器未损坏		
5	团队合作	15	服从组长安排，能配合其他成员工作		

实训总结与反思：

小组其他成员评价得分：________、________、________、________

组长评价得分：________

八、教师评价

实训项目					
小组编号		场地号		实训者	
序　号	考核项目	分　值	实训要求		考核评定
1	操作程序	20	操作动作规范，操作程序正确		
2	操作速度	20	按时完成实训		
3	安全操作	10	无事故发生		
4	数据记录	10	记录规范，无转抄、涂改、抄袭等		
5	测量成果	30	计算准确，精度符合规定要求		
6	团队合作	10	服从组长安排，能配合其他成员工作		
存在的问题： 指导教师：　　　　评价时间：					

实训项目八
全站仪程序测量

实训操作视频

一、目的和要求

1. 能使用全站仪测量程序进行悬高测量、对边测量、面积测量。
2. 能使用全站仪进行数据采集。
3. 能使用全站仪进行后方交会。
4. 能进行全站仪内存管理和相关设置的操作。

二、仪器和工具

各小组全站仪一台、脚架一副、支架对中杆一副、棱镜一个、铅笔、记录板等。

三、实训内容

(一)全站仪测量程序的使用方法

1. 悬高测量:主要用于测量目标点高度,而目标点无法安置棱镜的情况。

实训要求:每个小组成员利用悬高测量功能实测指定目标顶离地面的高度,并记录在实训报告相应位置。

2. 对边测量:主要用于多个目标之间的水平距离和高差。对边测量分为两种模式:

(1)MLM-1(A—B,A—C):测量A—B,A—C,A—D,…

(2)MLM-2(A—B,B—C):测量A—B,B—C,C—D,…

实训要求:由实训指导教师实地指定4个点A,B,C,D,分别利用对边测量功能的两种模式测量两点之间的水平距离和高差,并记录在实训报告相应位置。

3. 面积测量:用于计算闭合图形的水平面积。面积计算有如下两种方法:

(1)用坐标数据文件计算面积;

(2)用测量数据计算面积。

实训要求:由实训指导教师实地指定一个范围,利用面积测量功能测量该范围的水平面积,并将测量结果记录在实训报告相应位置。

4. 后方交会测量:当提供的已知点之间无法通视时,可以利用后方交会设置新点。

操作方法:仪器安置在新点上,瞄准两个已知点,测量时从左到右,先向仪器输入左边的已知点坐标,然后瞄准测量;再向仪器输入右边的已知点坐标,然后瞄准测量;最后按计算键,得到新点的坐标数据。通过后方交会残差的大小可判断新点的精度。

实训要求:根据给定的已知点测量仪器安置点的坐标。

(二)数据采集

由实训指导教师现场指定两个控制点,并指定若干地物地貌点,由各小组现场将各地物地貌点的坐标和高程测量出来,并存储在全站仪中。文件名为当天日期 + 小组编号,如20140926-1。

操作介绍:设置测站,设置后视,瞄准目标测量。

(三)内存管理

1. 存储介质:对当前的数据存储介质进行选择(FLASH/SD CARD)。

2. 内存状态:检查存储数据的个数/剩余内存空间。

3. 数据查阅:查看记录数据。

4. 文件维护:删除文件/编辑文件名。

5. 输入坐标:将坐标数据输入并存入坐标数据文件中。

6. 删除坐标:删除坐标数据文件中的坐标数据。

7. 输入编码:将编码数据输入并存入编码库文件中。

8. 数据传输:发送测量数据或坐标数据,或编码库数据/上传坐标数据或编码库数据/设置通信参数。

9. 文件操作:将 FLASH 和 SD CARD 中的文件相互转存。

10. 初始化:内存初始化。

四、实训注意事项

1. 当一人操作时,小组其他人员只进行言语协助,严禁多人同时操作一台仪器。

2. 严禁将全站仪和支架对中杆棱镜置于一边无人看管,严禁坐、压仪器箱,全站仪取放时应轻拿轻放。观测期间应将仪器箱关闭。

3. 使用后方交会功能时,应先输入左边已知点的坐标,再输入右边已知点的坐标。

五、实训思考及抽查内容

实训结束时，指导教师将从每个实训小组中抽查1~2名同学思考并回答以下问题：

1. 思考悬高测量、对边测量的主要用途。
2. 全站仪后方交会能解决什么问题？

六、实训报告

日期：　　　　　　天气：　　　　　　仪器编号：

温度：　　　　　　气压：　　　　　　棱镜常数：

姓名：　　　　　　组别：　　　　　　学　　号：

(一)悬高测量(每个成员至少测量一个目标)

目标1离地面的高度为________________m；

目标2离地面的高度为________________m；

目标3离地面的高度为________________m。

(二)对边测量

- (A→B,B→C,C→D)模式：

A→B水平距离为________________m,A→B高差为________________m；

B→C水平距离为________________m,B→C高差为________________m；

C→D水平距离为________________m,C→D高差为________________m；

- (A→B,A→C,A→D)模式：

A→B水平距离为________________m,A→B高差为________________m；

A→C水平距离为________________m,A→C高差为________________m；

A→D水平距离为________________m,A→D高差为________________m。

(三)面积测量

实测图形1的面积为________________m^2；

实测图形2的面积为________________m^2。

(四)采用后方交会定位仪器安置点的坐标

采用的已知控制点点名为____________,坐标为________________________；

采用的已知控制点点名为____________,坐标为________________________；

利用全站仪后方交会功能测出的仪器安置点坐标为________________________；

仪器显示的点位误差为________________________。

（五）数据采集

测量由实训指导教师指定的若干点的三维坐标，每人测量点数不得小于10个。测量数据并储在全站仪中。文件名为当天日期+小组编号，比如20140926-1。

七、自我评估与同学互评

实训项目				
小组编号		场地号		实训者
序　号	评估项目	分　值	实训要求	自我评定
1	任务完成情况	30	按时按要求完成实训任务	
2	测量精度	20	成果符合限差要求	
3	实训记录	20	记录规范、完整，计算准确	
4	实训纪律	15	遵守课堂纪律，无事故，仪器未损坏	
5	团队合作	15	服从组长安排，能配合其他成员工作	
实训总结与反思： 小组其他成员评价得分：＿＿＿＿、＿＿＿＿、＿＿＿＿、＿＿＿＿ 组长评价得分：＿＿＿＿				

八、教师评价

实训项目				
小组编号		场地号		实训者
序　号	考核项目	分　值	实训要求	考核评定
1	操作程序	20	操作动作规范，操作程序正确	
2	操作速度	20	按时完成实训	
3	安全操作	10	无事故发生	
4	数据记录	10	记录规范，无转抄、涂改、抄袭等	
5	测量成果	30	计算准确，精度符合规定要求	
6	团队合作	10	服从组长安排，能配合其他成员工作	
存在的问题： 指导教师：　　　　　　　　评价时间：				

实训项目九

全站仪坐标放样

一、目的和要求

1. 了解全站仪坐标放样的流程、操作要点、精度要求。
2. 能使用坐标正反算进行计算。
3. 能使用全站仪进行坐标放样。
4. 能对放样位置进行检查。

二、仪器和工具

各小组全站仪一台、脚架一副、支架对中杆一副、棱镜一个、铅笔、记录板、卷尺、计算器、直尺或三角板等。

三、实训内容和要求

(一)实训内容

如图1.2所示,由实训指导教师现场指定两个已知控制点,*A* 点坐标(62 871.526,59 922.890)和 *B* 点坐标(62 884.777,59 929.921),各小组将图纸上设计好的建筑基线1,2,3,4等点测设到地面上,并做好标记。

测设完成后,检查各边长和该基线是否垂直。

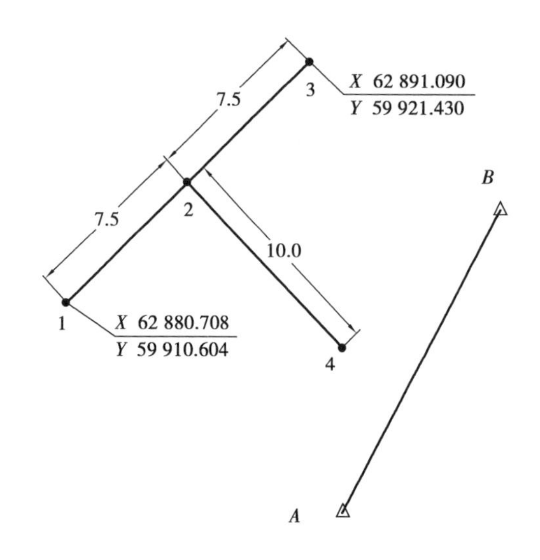

图 1.2　建筑基线放样示意图

(二)实训要求

1. 熟练掌握全站仪放样功能。放样模式有两个功能,如果坐标数据未被存入内存,可从键盘输入坐标,也可通过个人计算机从传输电缆导入仪器内存。

(1)选择坐标数据文件,可进行测站坐标数据及后视坐标数据的调用;

(2)设置测站点;

(3)设置后视点,确定方位角(瞄准后视方向后按“确定”);

(4)输入或调用所需的放样坐标,开始放样;

(5)放样过程中的主要两点:角度差 dHR 调为零,距离差 dHD 测为零。

2. 请各小组将图 1.2 中的 2、3 两点的坐标计算出来,填写在实训报告相应表格中。

3. 将 4 个点测设在地面上,并按照要求用“ × ”做好标志。将放样参数填入实训报告相应表格中。

4. 检查放样精度,用测回法测量∠124,与 90°比较,误差不大于 60″,用全站仪测量三边的距离,并计算相对精度。距离检查结果满足 1/1 000 的精度要求。结果分别填入实训报告相应表格中。

四、实训注意事项

1. 全站仪是昂贵的精密仪器,使用时须十分小心谨慎,各螺旋要慢慢转动,转到头切勿再继续旋转,水平制动螺旋和竖直制动螺旋处于制动状态时,切勿强制旋转仪器照准部和望远镜。

2. 当一人操作时,小组其他人员只进行言语协助,严禁多人同时操作一台仪器。

3. 严禁将全站仪和支架对中杆棱镜置于一边无人看管。

4. 严禁坐、压仪器箱,全站仪取放时应轻拿轻放。观测期间应将仪器箱关闭。

五、实训思考及抽查内容

实训结束时，指导教师将从每个实训小组中抽查1～2名同学回答以下问题或演示指定操作：

1. 回答或演示全站仪坐标放样的主要步骤。
2. 全站仪在坐标放样中需要后视设置，其主要目的是什么？
3. 全站仪坐标放样依据的原理是什么？
4. 全站仪坐标放样精度的影响因素有哪些？采用什么措施可以提高放样精度？
5. 全站仪放样过程中出现气泡偏离或脚架移动时该如何操作？
6. 全站仪在放样过程中没有输入仪器高和棱镜高，是否会影响放样点的位置？

六、实训报告

日期：　　　　天气：　　　　仪器编号：
组别：　　　　姓名：　　　　学　　号：

(一)坐标计算

请完成“T形”建筑基线中2,4号点的坐标计算。计算过程如下：

点　号	X坐标	Y坐标
2		
4		

(二)平面位置测设记录

将 2,4 点的坐标计算结果填入下表。

放样点编号	测站点→放样点坐标方位角/(° ′ ″)	测站点→放样点设计距离/m	放样点坐标实测值与设计值偏差/m	
			ΔX	ΔY
1				
2				
3				
4				

(三)放样检查记录

角度检查,用测回法测量∠124,并记录数据。

<table>
<tr><th>测　站</th><th>竖盘位置</th><th>目　标</th><th>水平度盘读数
/(° ′ ″)</th><th>半测回角值
/(° ′ ″)</th><th>一测回值
/(° ′ ″)</th></tr>
<tr><td rowspan="4"></td><td rowspan="2"></td><td></td><td></td><td rowspan="2"></td><td rowspan="4"></td></tr>
<tr><td></td><td></td></tr>
<tr><td rowspan="2"></td><td></td><td></td><td rowspan="2"></td></tr>
<tr><td></td><td></td></tr>
<tr><td rowspan="4"></td><td rowspan="2"></td><td></td><td></td><td rowspan="2"></td><td rowspan="4"></td></tr>
<tr><td></td><td></td></tr>
<tr><td rowspan="2"></td><td></td><td></td><td rowspan="2"></td></tr>
<tr><td></td><td></td></tr>
<tr><td rowspan="4"></td><td rowspan="2"></td><td></td><td></td><td rowspan="2"></td><td rowspan="4"></td></tr>
<tr><td></td><td></td></tr>
<tr><td rowspan="2"></td><td></td><td></td><td rowspan="2"></td></tr>
<tr><td></td><td></td></tr>
<tr><td rowspan="4"></td><td rowspan="2"></td><td></td><td></td><td rowspan="2"></td><td rowspan="4"></td></tr>
<tr><td></td><td></td></tr>
<tr><td rowspan="2"></td><td></td><td></td><td rowspan="2"></td></tr>
<tr><td></td><td></td></tr>
</table>

距离检查：

直线段	设计水平距离/m	实测水平距离/m	相对误差

七、自我评估与同学互评

<table>
<tr><td colspan="2">实训项目</td><td colspan="5"></td></tr>
<tr><td colspan="2">小组编号</td><td colspan="2"></td><td>场地号</td><td></td><td>实训者</td><td></td></tr>
<tr><td>序　号</td><td>评估项目</td><td>分　值</td><td colspan="4">实训要求</td><td>自我评定</td></tr>
<tr><td>1</td><td>任务完成情况</td><td>30</td><td colspan="4">按时按要求完成实训任务</td><td></td></tr>
<tr><td>2</td><td>测量精度</td><td>20</td><td colspan="4">成果符合限差要求</td><td></td></tr>
<tr><td>3</td><td>实训记录</td><td>20</td><td colspan="4">记录规范、完整，计算准确</td><td></td></tr>
<tr><td>4</td><td>实训纪律</td><td>15</td><td colspan="4">遵守课堂纪律，无事故，仪器未损坏</td><td></td></tr>
<tr><td>5</td><td>团队合作</td><td>15</td><td colspan="4">服从组长安排，能配合其他成员工作</td><td></td></tr>
<tr><td colspan="8">实训总结与反思：

小组其他成员评价得分：________、________、________、________
组长评价得分：________</td></tr>
</table>

八、教师评价

<table>
<tr><td colspan="2">实训项目</td><td colspan="6"></td></tr>
<tr><td colspan="2">小组编号</td><td colspan="2"></td><td>场地号</td><td></td><td>实训者</td><td></td></tr>
<tr><td>序　号</td><td>考核项目</td><td>分　值</td><td colspan="4">实训要求</td><td>考核评定</td></tr>
<tr><td>1</td><td>操作程序</td><td>20</td><td colspan="4">操作动作规范，操作程序正确</td><td></td></tr>
<tr><td>2</td><td>操作速度</td><td>20</td><td colspan="4">按时完成实训</td><td></td></tr>
<tr><td>3</td><td>安全操作</td><td>10</td><td colspan="4">无事故发生</td><td></td></tr>
<tr><td>4</td><td>数据记录</td><td>10</td><td colspan="4">记录规范，无转抄、涂改、抄袭等</td><td></td></tr>
<tr><td>5</td><td>测量成果</td><td>30</td><td colspan="4">计算准确，精度符合规定要求</td><td></td></tr>
<tr><td>6</td><td>团队合作</td><td>10</td><td colspan="4">服从组长安排，能配合其他成员工作</td><td></td></tr>
<tr><td colspan="8">存在的问题：

指导教师：　　　　　　　　　　　　　　　　评价时间：</td></tr>
</table>

实训项目十
水准仪抄平实训(已知高程的测设)

实训操作视频

一、目的和要求

1. 能使用水准仪进行设计高程的测设。
2. 能进行测设检查。

二、仪器和工具

各小组自动安平水准仪一台、脚架一副、水准尺一根、记录板、计算器、铅笔等。

三、实训内容与步骤

(一)实训内容

由实训指导教师现场指定已知高程点,设 A 点高程 $H_A = 357.998$ m,试用水准仪在墙上测设以下表中的设计高程值。

点　号	设计高程值/m
B_1	357.780
B_2	358.000
B_3	358.250
B_4	358.537
B_5	358.990
B_6	359.500
B_7	360.150

测设结果应满足以下要求：

1. 测设完成后，重新调整仪器高度，实测抄平位置的高程与设计值比较，误差不超过±2 mm。

2. 计算正确、字体整洁；所标定的点位正确、清晰。

(二)实训步骤

1. 在已知点 A 与测设点 B 之间安置水准仪，读取水准点上的后视读数 a，根据水准点高程 H_A 计算出视线高程。视线高程 $H_{视}=H_A+a$。

2. 根据测设点的高程 H_B，计算出测设点的在水准尺应视读数 $b=H_{视}-H_B$，并将计算结果填入实训报告相应表格中。

3. 将水准尺紧贴在指定位置并上下移动水准尺，当水准尺的水平视线在尺上的读数为 b 时，沿水准尺底部画一横线，此为设计高程的位置。

4. 重新调整水准仪高度，调平后，根据已知水准点 A，测量测设部位的实测高程，填入实训报告相应表格中。其值与设计值比较，差值应小于2 mm。

5. 测设误差超过精度要求的，应重新测设。

四、实训注意事项

1. 当一人操作时，小组其他人员只进行言语协助，严禁多人同时操作一台仪器。

2. 严禁将水准仪置于一边无人看管。

3. 严禁坐、压仪器箱，观测期间应将仪器箱关闭。

4. 水准仪测设过程中，水准尺应保持竖直，并且在标定水准尺底部位置时，应保持水准尺不要上下移动。

5. 如果测设部位离已知点较远，应设置转点。

五、实训思考及抽查内容

实训结束时，指导教师将从每个实训小组中抽查1～2名同学回答以下问题：

1. 若无法直接抄平出设计高程，该如何处理？

2. 依据水准仪抄平原理，如何实施已知坡度线的测设？

六、实训报告

日期：　　　　　　　　　　天气：　　　　　　　　　　仪器编号：
组别：　　　　　　　　　　姓名：　　　　　　　　　　学　　号：

（一）水准仪抄平记录表

已知水准点号	已知水准点高程/m	后视读数/m	视线高/m	测点点号	设计高程/m	桩顶应读数/m	桩顶实读数/m

（二）高程检查记录表

已知水准点号	已知水准点高程/m	后视读数/m	视线高/m	测点点号	前视读数/m	检测高程/m	偏　差/m

七、自我评估与同学互评

实训项目				
小组编号		场地号		实训者
序　号	评估项目	分　值	实训要求	自我评定
1	任务完成情况	30	按时按要求完成实训任务	
2	测量精度	20	成果符合限差要求	
3	实训记录	20	记录规范、完整,计算准确	
4	实训纪律	15	遵守课堂纪律,无事故,仪器未损坏	
5	团队合作	15	服从组长安排,能配合其他成员工作	

实训总结与反思:

小组其他成员评价得分:________、________、________、________

组长评价得分:________

八、教师评价

实训项目				
小组编号		场地号		实训者
序　号	考核项目	分　值	实训要求	考核评定
1	操作程序	20	操作动作规范,操作程序正确	
2	操作速度	20	按时完成实训	
3	安全操作	10	无事故发生	
4	数据记录	10	记录规范,无转抄、涂改、抄袭等	
5	测量成果	30	计算准确,精度符合规定要求	
6	团队合作	10	服从组长安排,能配合其他成员工作	

存在的问题:

指导教师:　　　　　　　　　　评价时间:

实训项目十一
建筑物定位放线

一、实训目的

1. 进一步熟练掌握全站仪坐标放样程序的使用方法。
2. 能根据设计图进行轴线的放样。
3. 能进行轴线控制桩的测设。
4. 能对测设点位进行检查。

二、实训仪器及工具

每组全站仪一台、电池两块、脚架一副、支架对中杆一副、钢尺一把、测量工具包一个,学生自备计算器、铅笔、三角板。

三、实训内容

(一)实训内容

由实训指导教师现场提供已知控制点点位和坐标数据,各组在待放样建筑物附近选点,安置仪器。利用已知坐标数据进行后方交会求得仪器安置点的坐标数据;利用该点为已知点进行建筑物定位放样,并将建筑物纵横各一根轴线测设出来,并设轴线控制桩。各组建筑物平面设计位置如图 1.3 所示,控制点数据由实训指导教师提供。

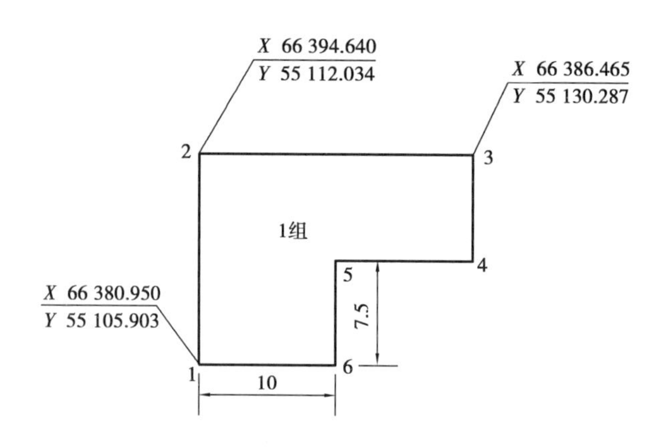

图 1.3　建筑物平面位置设计图

(二)实训步骤和要求

1. 使用全站仪后方交会功能在指定位置测定测站点坐标并填入实训报告相应表格中。

2. 使用全站仪坐标放样功能完成建筑物位置定位,并做好标记,记录放样参数于实训报告相应表格中。

3. 根据上一步测设的位置,进行纵横轴线的测设,各测设一根,轴线设计尺寸由指导教师现场指定。

4. 测设轴线控制桩,将建筑物各外墙轴线交点的轴线控制桩和纵横轴线的轴线控制桩测设于地面。

5. 完成角度和距离检查工作,将检查数据填入实训报告相应表格中。

6. 精度要求:

(1)放样操作精度要求:仪器在整个放样过程中整平误差不超过一格;对中误差 1 mm;放样点角度偏差 ±2″;放样点水平距离偏差 ±5 mm。

(2)放样点精度要求:边长相对误差不大于 1/3 000;建筑物各房角角度偏差不超过 60″。

7. 测量数据书写清楚和规范,严禁测量数据造假。

8. 测设精度超限的点位,应查找原因,重新测设。

四、实训注意事项

1. 实训小组的每个成员均应参与测量的各个环节,当一人操作时,小组其他人员只进行言语协助,严禁多人同时操作一台仪器。

2. 严禁将全站仪置于一边无人看管。

3. 严禁坐、压仪器箱,观测期间应将仪器箱关闭。

4. 测设点位时,方向应以支架对中杆的底部为准,距离以棱镜为准。

5. 测站设置时,应注意精确瞄准后视点。

五、实训思考及抽查内容

实训结束时，指导教师将从每个实训小组中抽查 1 ~2 名同学回答以下问题：

1. 叙述轴线控制桩的测设步骤。
2. 建筑物定位完成后，应做哪些检查工作？
3. 放样点测设精度超限的原因有哪些？

六、实训报告

日期：　　　天气：　　　仪器编号：

组别：　　　姓名：　　　学　　号：

(一)采用后方交会测量测站点坐标以及计算待定房角点坐标

1. 后方交会确定测站点坐标，将使用的已知点和计算点的点号和坐标填入下表。

控制点点号	X	Y	H
交会点点号	X	Y	H
交会点位精度			

2. 待定房角点坐标计算

4 号点计算过程：

5 号点计算过程：

6 号点计算过程：

将 4,5,6 号点的坐标计算结果填入下表。

点号	*X* 坐标	*Y* 坐标
4		
5		
6		

(二)全站仪坐标放样参数记录

放样点编号	放样点对应的方位角/(° ′ ″)	放样点对应的设计距离/m	放样点角度偏差/(″)	放样点距离偏差/mm	操作者姓名

(三)建筑物边长检核

建筑物边	设计水平距离/m	实测水平距离/m	差值/mm	相对精度 K	操作者姓名

七、自我评估与同学互评

<table>
<tr><td colspan="2">实训项目</td><td colspan="4"></td></tr>
<tr><td colspan="2">小组编号</td><td colspan="2">场地号</td><td>实训者</td><td></td></tr>
<tr><td>序　号</td><td>评估项目</td><td>分　值</td><td colspan="2">实训要求</td><td>自我评定</td></tr>
<tr><td>1</td><td>任务完成情况</td><td>30</td><td colspan="2">按时按要求完成实训任务</td><td></td></tr>
<tr><td>2</td><td>测量精度</td><td>20</td><td colspan="2">成果符合限差要求</td><td></td></tr>
<tr><td>3</td><td>实训记录</td><td>20</td><td colspan="2">记录规范、完整，计算准确</td><td></td></tr>
<tr><td>4</td><td>实训纪律</td><td>15</td><td colspan="2">遵守课堂纪律，无事故，仪器未损坏</td><td></td></tr>
<tr><td>5</td><td>团队合作</td><td>15</td><td colspan="2">服从组长安排，能配合其他成员工作</td><td></td></tr>
<tr><td colspan="6">实训总结与反思：

小组其他成员评价得分：________、________、________、________
组长评价得分：________</td></tr>
</table>

八、教师评价

<table>
<tr><td colspan="2">实训项目</td><td colspan="4"></td></tr>
<tr><td colspan="2">小组编号</td><td colspan="2"></td><td>场地号</td><td></td><td>实训者</td><td></td></tr>
<tr><td>序　号</td><td>考核项目</td><td>分　值</td><td colspan="3">实训要求</td><td colspan="2">考核评定</td></tr>
<tr><td>1</td><td>操作程序</td><td>20</td><td colspan="3">操作动作规范,操作程序正确</td><td colspan="2"></td></tr>
<tr><td>2</td><td>操作速度</td><td>20</td><td colspan="3">按时完成实训</td><td colspan="2"></td></tr>
<tr><td>3</td><td>安全操作</td><td>10</td><td colspan="3">无事故发生</td><td colspan="2"></td></tr>
<tr><td>4</td><td>数据记录</td><td>10</td><td colspan="3">记录规范,无转抄、涂改、抄袭等</td><td colspan="2"></td></tr>
<tr><td>5</td><td>测量成果</td><td>30</td><td colspan="3">计算准确,精度符合规定要求</td><td colspan="2"></td></tr>
<tr><td>6</td><td>团队合作</td><td>10</td><td colspan="3">服从组长安排,能配合其他成员工作</td><td colspan="2"></td></tr>
<tr><td colspan="8">存在的问题:

指导教师:　　　　　　　　　　　　　　评价时间:</td></tr>
</table>

实训项目十二
建筑物轴线投测

一、实训目的

1. 能进行激光垂准仪的操作。
2. 能使用盘左盘右分中的方法进行建筑物轴线投测。
3. 能使用垂球法进行建筑物轴线投测。

二、实训仪器及工具

每组激光垂准仪一套、激光靶一个、经纬仪一台、电池一块、脚架一副、重垂球一个、三角板、铅笔。

三、实训内容

(一)使用激光垂准仪进行轴线投测

如图1.4所示,在建筑物底层平面设置至少3个辅助轴线交点,使用激光垂准仪将轴线投测到指定楼层。

(二)使用经纬仪进行轴线投测

由实训指导教师在某建筑物前方现场确定一条轴线位置,如图1.5所示。要求使用经纬仪将该轴线用盘左盘右分中的方法投测到前方建筑物基础墙上(或墙体底部)。再以基础墙上的标记为基准,用盘左盘右分中的方法投测到建筑物指定的楼层侧面墙壁上。

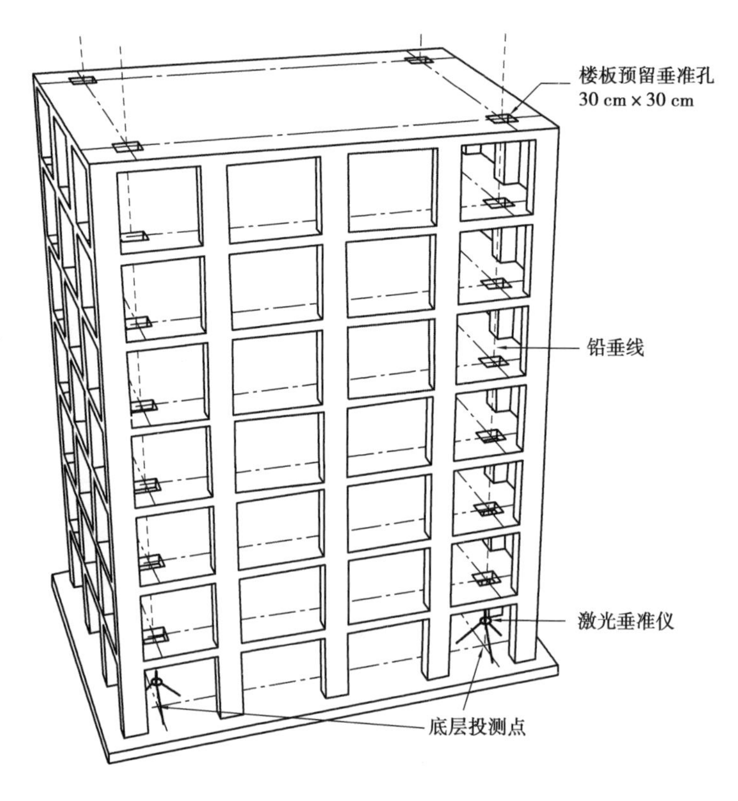

图 1.4　激光垂准仪投测轴线示意图

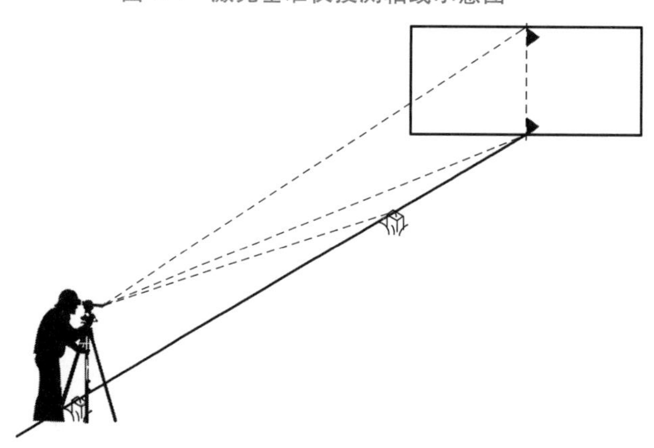

图 1.5　经纬仪投测轴线示意图

(三)使用垂球进行轴线投测

在建筑物底层平面(图 1.4)设置至少 3 个辅助轴线交点,使用垂球将轴线投测到指定楼层。

四、实训注意事项

1. 激光垂准仪是激光仪器,注意防止激光伤害眼睛。

2. 投测前经纬仪应严格检验和校正，操作时仔细对中和整平，以减少仪器竖轴误差的影响。

3. 应尽量采用正倒镜取中法向上投测轴线或延长轴线，以消除仪器视准轴和横轴不垂直误差带来的影响。

4. 使用垂球进行轴线投测时，注意防止垂球坠落伤人。

五、实训思考及抽查内容

实训结束时，指导教师将从每个实训小组中抽查1～2名同学回答以下问题：

1. 叙述激光垂准仪进行轴线投测的测设步骤。
2. 叙述经纬仪盘左盘右分中法投测轴线的测设步骤。
3. 使用经纬仪投测轴线时，仪器必须安置在轴线控制桩上吗？为什么？

六、实训报告

日期：	天气：	仪器编号：
组别：	姓名：	学　　号：

1. 叙述激光垂直仪投测轴线的操作过程。   2. 叙述盘左盘右分中法投测轴线的过程。   3. 叙述垂球法投测轴线的过程。   4. 比较几种投测轴线方法的优缺点。

七、自我评估与同学互评

<table>
<tr><td colspan="2">实训项目</td><td colspan="4"></td></tr>
<tr><td colspan="2">小组编号</td><td colspan="2">场地号</td><td>实训者</td><td></td></tr>
<tr><td>序　号</td><td>评估项目</td><td>分　值</td><td colspan="2">实训要求</td><td>自我评定</td></tr>
<tr><td>1</td><td>任务完成情况</td><td>30</td><td colspan="2">按时按要求完成实训任务</td><td></td></tr>
<tr><td>2</td><td>测量精度</td><td>20</td><td colspan="2">成果符合限差要求</td><td></td></tr>
<tr><td>3</td><td>实训记录</td><td>20</td><td colspan="2">记录规范、完整,计算准确</td><td></td></tr>
<tr><td>4</td><td>实训纪律</td><td>15</td><td colspan="2">遵守课堂纪律,无事故,仪器未损坏</td><td></td></tr>
<tr><td>5</td><td>团队合作</td><td>15</td><td colspan="2">服从组长安排,能配合其他成员工作</td><td></td></tr>
<tr><td colspan="6">实训总结与反思:

小组其他成员评价得分:________、________、________、________
组长评价得分:________</td></tr>
</table>

八、教师评价

<table>
<tr><td colspan="2">实训项目</td><td colspan="4"></td></tr>
<tr><td colspan="2">小组编号</td><td colspan="2">场地号</td><td>实训者</td><td></td></tr>
<tr><td>序　号</td><td>考核项目</td><td>分　值</td><td colspan="2">实训要求</td><td>考核评定</td></tr>
<tr><td>1</td><td>操作程序</td><td>20</td><td colspan="2">操作动作规范,操作程序正确</td><td></td></tr>
<tr><td>2</td><td>操作速度</td><td>20</td><td colspan="2">按时完成实训</td><td></td></tr>
<tr><td>3</td><td>安全操作</td><td>10</td><td colspan="2">无事故发生</td><td></td></tr>
<tr><td>4</td><td>数据记录</td><td>10</td><td colspan="2">记录规范,无转抄、涂改、抄袭等</td><td></td></tr>
<tr><td>5</td><td>测量成果</td><td>30</td><td colspan="2">计算准确,精度符合规定要求</td><td></td></tr>
<tr><td>6</td><td>团队合作</td><td>10</td><td colspan="2">服从组长安排,能配合其他成员工作</td><td></td></tr>
<tr><td colspan="6">存在的问题:

指导教师:　　　　　　　　　　　　　　　　评价时间:</td></tr>
</table>

实训项目十三
圆曲线测设放样

一、实训目的

1. 能进行圆曲线要素和里程的计算。
2. 能使用偏角法进行圆曲线放样参数的计算和圆曲线测设。
3. 能使用极坐标法进行圆曲线放样参数的计算和圆曲线测设。

二、实训仪器及工具

每组全站仪一台、电池两块、脚架一副、支架对中杆一副、钢尺一把、测量工具包一个，学生自备计算器、铅笔、三角板。

三、实训内容和步骤

(一)实训内容

由实训指导教师现场指定带测设圆曲线的交点和某转点的位置，具体数据和要求如图1.6所示。要求计算圆曲线要素、主点里程、偏角法放样参数和极坐标法放样参数，并分别用两种方法进行圆曲线的测设。将计算数据分别填入实训报告相应表格中。

(二)操作步骤

1. 圆曲线主点的测设。各小组将全站仪架设在各自的交点桩(JD)上，对中调平，瞄准各自的转点(ZD)，后视归零，在视线瞄准的方向上量水平距离 T，定出 ZY 点；旋转$(180° - \alpha)/2$，量水平距离 E，测设出 QZ 点；再旋转$(180° - \alpha)/2$，量水平距离 T，测设出 YZ 点。

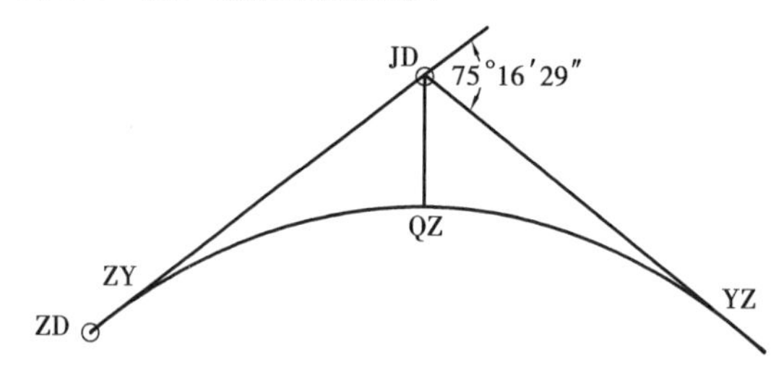

图 1.6　圆曲线设计图

2. 偏角法圆曲线细部点的测设。将仪器安置在 ZY(或 YZ)点上,后视 JD 点水平度盘归零,顺(逆)时针旋转偏角 ϕ_i,量取水平距离 L_i,定出各细部点;具体测设数据参考各组计算的数据。

3. 极坐标法圆曲线细部点的测设。切线支距法是以 ZY(或 YZ)点为坐标原点,以 ZY(或 YZ)点指向 JD 的方向为 X 轴,以 ZY(或 YZ)点指点圆心的方向为 Y 轴,建立直角坐标系,计算圆曲线各细部点的坐标。基于此极坐标法圆曲线细部点的测设就是以 ZY(或 YZ)点坐标(0,0)为测站点,以 JD(T,0)为后视点,以计算的各细部点为放样点,利用全站仪坐标放样法进行圆曲线的测设。检核极坐标法和偏角法放样位置是否一致。

4. 曲线放样点的精度要求为 2 cm。

5. 不满足精度要求的,重新测设点的位置。

四、实训注意事项

1. 根据交点位置测设直圆点、曲中点、圆直点时,应注意测设精度。

2. 计算放样参数时,小组成员应同时计算,以便核对。

3. 测设放样时,应注意全站仪或经纬仪上水平读数是向左增大还是向右增大。

五、实训思考及抽查内容

实训结束时,指导教师将从每个实训小组中抽查 1 ~2 名同学回答以下问题:

1. 切线支距法放样时,依据的直角坐标系是怎样建立的?

2. 叙述测设圆曲线主点的步骤和方法。

3. 利用全站仪坐标放样法,将全站仪安置在国家测量坐标系下的控制点上,如何进行圆曲线的放样?

六、实训报告

(一)计算圆曲线元素和主点里程

切线长/m		ZY 点里程	
曲线长度/m		YZ 点里程	
外矢距/m		QZ 点里程	
切曲差/m		检核	

(二)偏角法圆曲线放样细部点放样数据

点　号	桩　号	相邻桩点弧长/m	偏　角/(° ′ ″)	弦　长/m

(三)极坐标法圆曲线放样细部点放样数据

点　号	桩　号	*X* 坐标	*Y* 坐标	对应角度/(° ′ ″)	对应距离/m

七、自我评估与同学互评

<table>
<tr><td colspan="2">实训项目</td><td colspan="4"></td></tr>
<tr><td colspan="2">小组编号</td><td colspan="2">场地号</td><td>实训者</td><td></td></tr>
<tr><td>序　号</td><td>评估项目</td><td>分　值</td><td>实训要求</td><td colspan="2">自我评定</td></tr>
<tr><td>1</td><td>任务完成情况</td><td>30</td><td>按时按要求完成实训任务</td><td colspan="2"></td></tr>
<tr><td>2</td><td>测量精度</td><td>20</td><td>成果符合限差要求</td><td colspan="2"></td></tr>
<tr><td>3</td><td>实训记录</td><td>20</td><td>记录规范、完整，计算准确</td><td colspan="2"></td></tr>
<tr><td>4</td><td>实训纪律</td><td>15</td><td>遵守课堂纪律，无事故，仪器未损坏</td><td colspan="2"></td></tr>
<tr><td>5</td><td>团队合作</td><td>15</td><td>服从组长安排，能配合其他成员工作</td><td colspan="2"></td></tr>
<tr><td colspan="6">实训总结与反思：

小组其他成员评价得分：________、________、________、________
组长评价得分：________</td></tr>
</table>

八、教师评价

<table>
<tr><td colspan="2">实训项目</td><td colspan="4"></td></tr>
<tr><td colspan="2">小组编号</td><td colspan="2">场地号</td><td>实训者</td><td></td></tr>
<tr><td>序　号</td><td>考核项目</td><td>分　值</td><td>实训要求</td><td colspan="2">考核评定</td></tr>
<tr><td>1</td><td>操作程序</td><td>20</td><td>操作动作规范，操作程序正确</td><td colspan="2"></td></tr>
<tr><td>2</td><td>操作速度</td><td>20</td><td>按时完成实训</td><td colspan="2"></td></tr>
<tr><td>3</td><td>安全操作</td><td>10</td><td>无事故发生</td><td colspan="2"></td></tr>
<tr><td>4</td><td>数据记录</td><td>10</td><td>记录规范，无转抄、涂改、抄袭等</td><td colspan="2"></td></tr>
<tr><td>5</td><td>测量成果</td><td>30</td><td>计算准确，精度符合规定要求</td><td colspan="2"></td></tr>
<tr><td>6</td><td>团队合作</td><td>10</td><td>服从组长安排，能配合其他成员工作</td><td colspan="2"></td></tr>
<tr><td colspan="6">存在的问题：

指导教师：　　　　　　　　　　　　评价时间：</td></tr>
</table>

第二部分

建筑工程测量综合实训项目

综合实训项目一

四等水准测量

一、目的和要求

1. 进一步熟悉水准仪的使用和水准尺的读数方法。
2. 练习四等水准测量的观测、记录、计算与检核的方法。
3. 实训小组每个成员都应参与观测、记录、扶尺、计算等过程。
4. 高差闭合差的容许值为：$f_{h容} = \pm 6\sqrt{n}$ mm 或 $f_{h容} = \pm 20\sqrt{L}$ mm。
5. 掌握闭合或附合水准路线成果计算。

二、实训仪器和工具

各小组自动安平水准仪一台、脚架一副、双面水准尺一对、尺垫两个、铅笔、计算器、记录板等。

三、实训内容、步骤

(一)实训内容

根据指定的已知高程点完成由若干个待定高程点组成的闭合或附合水准线路的四等水准测量。已知高程点数据由实训指导教师提供；已知点和待定点的位置由实训指导教师现场指认，不同的小组根据实际情况进行闭合或附合水准路线测量。

(二)实训步骤

1. 每个测站的操作程序：每测站观测时，首先整平圆水准气泡。

(1)将望远镜对准后视标尺黑面，依次读取上丝、下丝、中丝；根据上丝、下丝读数计算后视距[(上丝－下丝)×100],根据后视距大小大概确定前视点位置并安置前尺。

(2)读取后视尺红面中丝读数,验证后视尺黑、红面读数,应符合“四等水准测量的测站限差”的精度要求。

(3)将望远镜对准前视标尺黑面,依次读取上丝、下丝、中丝;根据上丝、下丝读数计算前视距[(上丝－下丝)×100],前后视距差应符合“四等水准测量的测站限差”的精度要求。

(4)读取前视尺红面中丝读数,验证前视尺黑、红面读数,应符合“四等水准测量的测站限差”的精度要求。

(5)完成该测站相关计算。

2. 四等水准测量每测站照准标尺分划的顺序可采用“后(黑)—后(红)—前(黑)—前(红)”的观测顺序,也可采用“后(黑)—前(黑)—前(红)—后(红)”的观测顺序。

3. 根据实际点位情况分别设站,依次观测,每站观测应在观测数据验证合格后,方可进行下一站观测。记录完每页观测数据均应进行该页数据检核。

4. 完成外业观测后,应进行计算检核,并检查路线高差闭合差是否满足要求。

5. 绘制水准路线示意图,并将观测数据标注在示意图上。

6. 完成水准路线成果计算。

四、项目技术要求

四等水准测量的技术指标

等级	路线长度/km	水准仪	水准尺	观测次数		附合或环线闭合差/mm	
				与已知点联测	附合或环线	平 地	山 地
四	≤16	DS3	双面	往返各一次	往一次	$\pm 20\sqrt{L}$	$\pm 6\sqrt{n}$

四等水准测量的测站限差

等级	水准仪	视线长度/m	前后视距差/m	前后视距累积差/m	视线高度	黑面、红面读数之差/mm	黑面、红面所测高差之差/mm
四	DS3	100	5	10	三丝能读数	3.0	5.0

五、实训注意事项

1. 每测站观测结束后,应立即计算检核,若有超限的数据则重测该测站,合格后才能迁站。全路线测量完毕,各项限差和高差闭合差均在限差内,即可收测。

2. 记录者在听到观测者的读数后应回报,经观测者确认后,才能将数据记录到表中。若有超限的数据,应立即通知观测者重测。

3. 要注意数据记录的规范性，严禁涂改、照抄、转抄数据。数据作废应注明原因。

4. 测量过程中的前尺和后尺应交替前进，顺序切勿错乱。在记录表中应注明尺号。

5. 测量过程中注意转点位置的尺垫不要移动，而且待测水准点和已知水准点不能放置尺垫。

六、实训报告

（一）四等水准测量外业观测数据记录表

日期：　　　　　　　　　　天气：　　　　　　　　　　仪器编号：

组别：　　　　　　　　　　姓名：　　　　　　　　　　学　　号：

测点编号	点号	后尺 上丝	前尺 上丝	方向及尺号	标尺读数/m		K+(黑-红)/mm	高差中数/m	备注
		上丝	上丝		黑面	红面			
		后距/m	前距/m						
		视距差/m	累加差/m						
									记录者：
									观测者：
									记录者：
									观测者：
									记录者：
									观测者：
									记录者：
									观测者：
									记录者：
									观测者：

续表

测点编号	点号	后尺 上丝	前尺 上丝	方向及尺号	标尺读数/m		K+(黑-红)/mm	高差中数/m	备注
		后尺 上丝	前尺 上丝		黑面	红面			
		后距/m	前距/m						
		视距差/m	累加差/m						
									记录者：
									观测者：
									记录者：
									观测者：
									记录者：
									观测者：
									记录者：
									观测者：
									记录者：
									观测者：
									记录者：
									观测者：
									记录者：
									观测者：

续表

测点编号	点号	后尺 上丝	前尺 上丝	方向及尺号	标尺读数/m		K+(黑-红)/mm	高差中数/m	备注
		后尺 上丝	前尺 上丝		黑面	红面			
		后距/m	前距/m						
		视距差/m	累加差/m						
									记录者：
									观测者：
									记录者：
									观测者：
									记录者：
									观测者：
									记录者：
									观测者：
									记录者：
									观测者：
									记录者：
									观测者：
									记录者：
									观测者：

续表

测点编号	点号	后尺 上丝 / 下丝	前尺 上丝 / 下丝	方向及尺号	标尺读数/m 黑面	标尺读数/m 红面	K+(黑-红)/mm	高差中数/m	备注
		后距/m	前距/m						
		视距差/m	累加差/m						
									记录者： 观测者：
									记录者： 观测者：
									记录者： 观测者：
									记录者： 观测者：
									记录者： 观测者：
									记录者： 观测者：
									记录者： 观测者：

续表

测点编号	点号	后尺 上丝	前尺 上丝	方向及尺号	标尺读数/m		K+(黑-红)/mm	高差中数/m	备注
		后尺 上丝	前尺 上丝		黑面	红面			
		后距/m	前距/m						
		视距差/m	累加差/m						
									记录者：
									观测者：
									记录者：
									观测者：
									记录者：
									观测者：
									记录者：
									观测者：
									记录者：
									观测者：
									记录者：
									观测者：
									记录者：
									观测者：

续表

<table>
<tr><td colspan="4">本页校核：
(1)所有后视读数(黑红面)之和：
(2)所有前视读数(黑红面)之和：
(3)各测站黑面高差之和：
(4)各测站红面高差之和：
(5)各测站平均高差之和：</td></tr>
<tr><td>计算检核</td><td>后视距总和：
前视距总和：
视距累积差：
测站总数：
视距总和：</td><td>(1)所有后视读数(黑红面)之和：
(2)所有前视读数(黑红面)之和：
(3)各测站黑面高差之和：
(4)各测站红面高差之和：
(5)各测站平均高差之和：</td><td>检核者：</td></tr>
</table>

(二)水准路线示意图

(三)水准测量成果计算表

点　号	距离/km	测站数	实测高差/m	改正数/mm	改正后高差/m	高程/m
求　和						

计算者:　　　　　　　　　　　　　　　　　　检查者:

七、自我评估与同学互评

实训项目				
小组编号		场地号		实训者
序　号	评估项目	分　值	实训要求	自我评定
1	任务完成情况	30	按时按要求完成实训任务	
2	测量精度	20	成果符合限差要求	
3	实训记录	20	记录规范、完整,计算准确	
4	实训纪律	15	遵守课堂纪律,无事故,仪器未损坏	
5	团队合作	15	服从组长安排,能配合其他成员工作	

实训总结与反思:

小组其他成员评价得分:________、________、________、________

组长评价得分:________

八、教师评价

实训项目				
小组编号		场地号		实训者
序　号	考核项目	分　值	实训要求	考核评定
1	操作程序	20	操作动作规范，操作程序正确	
2	操作速度	20	按时完成实训	
3	安全操作	10	无事故发生	
4	数据记录	10	记录规范，无转抄、涂改、抄袭等	
5	测量成果	30	计算准确，精度符合规定要求	
6	团队合作	10	服从组长安排，能配合其他成员工作	
存在的问题： 指导教师：　　　　　　评价时间：				

综合实训项目二

全站仪导线及三角高程测量

一、目的和要求

1. 按照图根导线控制测量和三角高程测量方法完成外业观测工作。
2. 画出导线控制测量点位分布和观测数据示意图。
3. 用近似平差的方法完成未知点的坐标的计算。
4. 完成三角高程成果计算。

二、实训仪器及工具

全站仪一台、脚架三副、单棱镜组两套、记录板一个、卷尺一个、铅笔、计算器等。

三、实训内容

由实训指导教师现场为各小组分别指定一条不超过 4 个待定点的附合导线或闭合导线,各小组按要求完成导线控制测量工作:

1. 外业用测回法测量导线的转折角(水平角),测量竖直角和水平距离(或其斜距),量取仪器高、棱镜高(目标高)。
2. 绘制导线平面位置示意图和三角高程测量示意图,并将外业观测的数据标注在图上。
3. 进行导线平面坐标计算和三角高程计算。

四、实训技术与精度要求

1. 测角:按照三级光电测距导线,每测站水平角测量一个测回,2C 值互差不超过 ±18″;竖直角测量一个测回,指标差不超过 ±1′。

2. 测边:对向观测,记录到毫米,对向观测相同边水平距离不超过 ±10 mm。

3. 量取仪器高和目标高,量取至毫米,量取的数据两次较差不超过 2 mm,取平均值。

4. 对中精度 1 mm,观测过程中气泡偏离中央不得超过一格,否则应整平后重新观测。

5. 根据观测数据绘制控制网简图。

6. 根据观测数据完成导线控制测量的平差计算。

7. 测量小组的每个成员均应参与测量的各个环节。

8. 观测技术及精度要求:

(1)导线边长丈量相对误差 <1/3 000。

(2)导线角度闭合差 $f_\beta < 40\sqrt{n}\,''$。

(3)导线全长相对闭合差 <1/2 000。

(4)高差闭合差 $f_h < \pm 10\sqrt{n}$ mm。

五、实训注意事项

1. 每测站观测结束后,应立即计算校核,若有超限数据则重测该测站,合格后才能迁站。

2. 记录者在听到观测者的读数后应回报,经观测者确认后,才能将数据记录到表中。若有超限数据,应立即告诉观测者重测。

3. 要注意数据记录的规范性,严禁涂改、照抄、转抄数据。数据作废应注明原因。

4. 导线测量过程中应注意测站与目标点对中的精确度。

5. 测量过程中注意转点位置的尺垫不要移动,而且待测水准点和已知水准点不能放置尺垫。

六、实训思考

1. 简述控制测量的作用。

2. 外业测量过程中怎么明确实测的水平角是左角还是右角?

3. 如果要求测量左角,实际测量时该如何进行?

4. 简述导线控制测量选点的基本条件。

5. 简述导线平差计算的基本步骤。

七、实训报告

(一)外业观测记录表

日　期：　天　气：　仪器编号：　温　度：　棱镜常数：
测站点：　仪器高：　观 测 者：　记录者：　气　压：

水平角观测表：

目　标	读　数/(° ′ ″)		2C/(″)	半测回方向/(° ′ ″)	一测回角值/(° ′ ″)
	盘　左	盘　右			

垂直角及水平距离观测表：

目　标	读　数/(° ′ ″)		指标差/(″)	垂直角/(° ′ ″)	目标高度/m	水平距离/m
	盘　左	盘　右				

测站点：　仪器高：　观测者：　记录者：

水平角观测表：

目　标	读　数/(° ′ ″)		2C/(″)	半测回方向/(° ′ ″)	一测回角值/(° ′ ″)
	盘　左	盘　右			

垂直角及水平距离观测表：

目　标	读　数/(° ′ ″)		指标差/(″)	垂直角/(° ′ ″)	目标高度/m	水平距离/m
	盘　左	盘　右				

测站点：　　　　仪器高：　　　　观测者：　　　　记录者：

水平角观测表：

目　标	读　数/(° ′ ″)		2C/(″)	半测回方向/(° ′ ″)	一测回角值/(° ′ ″)
	盘　左	盘　右			

垂直角及水平距离观测表：

目　标	读　数/(° ′ ″)		指标差/(″)	垂直角/(° ′ ″)	目标高度/m	水平距离/m
	盘　左	盘　右				

测站点：　　　　仪器高：　　　　观测者：　　　　记录者：

水平角观测表：

目标	读　数/(° ′ ″)		2C/(″)	半测回方向/(° ′ ″)	一测回角值/(° ′ ″)
	盘　左	盘　右			

垂直角及水平距离观测表：

目　标	读　数/(° ′ ″)		指标差/(″)	垂直角/(° ′ ″)	目标高度/m	水平距离/m
	盘　左	盘　右				

测站点：　　　　仪器高：　　　　观测者：　　　　记录者：

水平角观测表：

目　标	读　数/(° ′ ″)		2C/(″)	半测回方向/(° ′ ″)	一测回角值/(° ′ ″)
	盘　左	盘　右			

垂直角及水平距离观测表：

目　标	读　数/(°′″)		指标差/(″)	垂直角/(°′″)	目标高度/m	水平距离/m
	盘　左	盘　右				

测站点：　　　　仪器高：　　　　观测者：　　　　记录者：

水平角观测表：

目　标	读　数/(°′″)		2C/(″)	半测回方向/(°′″)	一测回角值/(°′″)
	盘　左	盘　右			

垂直角及水平距离观测表：

目　标	读　数/(°′″)		指标差/(″)	垂直角/(°′″)	目标高度/m	水平距离/m
	盘　左	盘　右				

测站点：　　　　仪器高：　　　　观测者：　　　　记录者：

水平角观测表：

目　标	读　数/(°′″)		2C/(″)	半测回方向/(°′″)	一测回角值/(°′″)
	盘　左	盘　右			

垂直角及水平距离观测表：

目　标	读　数/(°′″)		指标差/(″)	垂直角/(°′″)	目标高度/m	水平距离/m
	盘　左	盘　右				

测站点：　　仪器高：　　观测者：　　记录者：

水平角观测表：

目　标	读　数/(° ′ ″)		2C/(″)	半测回方向/(° ′ ″)	一测回角值/(° ′ ″)
	盘　左	盘　右			

垂直角及水平距离观测表：

目　标	读　数/(° ′ ″)		指标差/(″)	垂直角/(° ′ ″)	目标高度/m	水平距离/m
	盘　左	盘　右				

测站点：　　仪器高：　　观测者：　　记录者：

水平角观测表：

目标	读　数/(° ′ ″)		2C/(″)	半测回方向/(° ′ ″)	一测回角值/(° ′ ″)
	盘　左	盘　右			

垂直角及水平距离观测表：

目标	读　数/(° ′ ″)		指标差/(″)	垂直角/(° ′ ″)	目标高度/m	水平距离/m
	盘　左	盘　右				

测站点：　　仪器高：　　观测者：　　记录者：

水平角观测表：

目　标	读　数/(° ′ ″)		2C/(″)	半测回方向/(° ′ ″)	一测回角值/(° ′ ″)
	盘　左	盘　右			

垂直角及水平距离观测表:

目　标	读　数/(° ′ ″)		指标差/(″)	垂直角/(° ′ ″)	目标高度/m	水平距离/m
	盘　左	盘　右				

测站点:　　　　　仪器高:　　　　　观测者:　　　　　记录者:

水平角观测表:

目　标	读　数/(° ′ ″)		2C /(″)	半测回方向/(° ′ ″)	一测回角值/(° ′ ″)
	盘　左	盘　右			

垂直角及水平距离观测表:

目标	读　数/(° ′ ″)		指标差/(″)	垂直角/(° ′ ″)	目标高度/m	水平距离/m
	盘　左	盘　右				

测站点:　　　　　仪器高:　　　　　观测者:　　　　　记录者:

水平角观测表:

目　标	读　数/(° ′ ″)		2C /(″)	半测回方向/(° ′ ″)	一测回角值/(° ′ ″)
	盘　左	盘　右			

垂直角及水平距离观测表:

目　标	读　数/(° ′ ″)		指标差/(″)	垂直角/(° ′ ″)	目标高度/m	水平距离/m
	盘　左	盘　右				

(二)导线控制网简图

(三)导线坐标计算表

点号	观测角/(° ′ ″)	改正数/(″)	改正角/(° ′ ″)	坐标方位角 α/(° ′ ″)	距离 D/m	增量计算值/m		改正后增量/m		坐标值/m		点号
						Δx	Δy	Δx	Δy	x	y	
辅助计算												

(四)三角高程计算成果表

点　号	距离/km	实测高差/m	改正数/mm	改正后高差/m	高程/m
求　和					

八、自我评估与同学互评

实训项目				
小组编号		场地号	实训者	
序　号	评估项目	分　值	实训要求	自我评定
1	任务完成情况	30	按时按要求完成实训任务	
2	测量精度	20	成果符合限差要求	
3	实训记录	20	记录规范、完整,计算准确	
4	实训纪律	15	遵守课堂纪律,无事故,仪器未损坏	
5	团队合作	15	服从组长安排,能配合其他成员工作	
实训总结与反思: 小组其他成员评价得分:______、______、______、______ 组长评价得分:______				

九、教师评价

实训项目					
小组编号		场地号		实训者	
序　号	考核项目	分　值	实训要求		考核评定
1	操作程序	20	操作动作规范,操作程序正确		
2	操作速度	20	按时完成实训		
3	安全操作	10	无事故发生		
4	数据记录	10	记录规范,无转抄、涂改、抄袭等		
5	测量成果	30	计算准确,精度符合规定要求		
6	团队合作	10	服从组长安排,能配合其他成员工作		

存在的问题:

指导教师:　　　　　　　　　　　　评价时间:

综合实训项目三
方格网土方测量与计算

一、目的和要求

1. 能够根据测量范围进方格网设计。
2. 能够使用全站仪和钢尺进行方格网测设。
3. 能够使用全站仪进行方格网点高程测量并记录。
4. 能够使用 CASS 软件进行方格网土方计算。

二、实训仪器和工具

全站仪一台、脚架一副、支架对中杆一副、棱镜一个、铅笔、记录板等。

三、实训内容

由实训指导教师选定一个相对开阔的区域,长宽均大于 300 m,现场指定至少两个已知平面控制点和一个高程点,提供一个或多个设计标高。各实训小组应完成以下内容:

1. 根据指定范围进行方格网设计(5 m×5 m),并标注主要轴线位置。

2. 将设计的方格网测设到现场,先测设主要轴线,再用钢尺进行格网加密,最后用石灰粉做好格网标记。

3. 用全站仪将各网点的高程值测量出来,并记录在原始地貌方格网上(若方格不够可自行补充),并将补充的纸张粘贴在实训报告对应设置。

4. 根据指导教师提供的设计高程数据,计算该区域的填挖方量。(建议用南方 CASS 软件计算)

四、实训注意事项

1. 小组成员共同协作完成该实训项目外业部分。实训结束后按小组提交实训外业测量报告。每个小组成员均应参与方格网点的测设、标定、高程测量等工作，且小组每个成员均应提交填挖方计算图。

2. 各格网点的高程测量可以使用全站仪测量，也可使用水准仪测量。

3. 将平场方格网的各格网点用“十”字在地面标定出来。

4. 各格网点的高程测量结果精确至厘米。

五、实训思考

1. 若方格网布设位置不同，计算的填挖方量是否相等？

2. 根据实训操作体会，哪些因素会影响到各格网点的高程值变大（或变小）？

六、实训报告

（一）原始地貌高程

续表

（二）设计高程

(三)粘贴土方计算图

七、自我评估与同学互评

<table>
<tr><td>实训项目</td><td colspan="5"></td></tr>
<tr><td>小组编号</td><td colspan="2"></td><td>场地号</td><td>实训者</td><td></td></tr>
<tr><td>序　号</td><td>评估项目</td><td>分　值</td><td colspan="2">实训要求</td><td>自我评定</td></tr>
<tr><td>1</td><td>任务完成情况</td><td>30</td><td colspan="2">按时按要求完成实训任务</td><td></td></tr>
<tr><td>2</td><td>测量精度</td><td>20</td><td colspan="2">成果符合限差要求</td><td></td></tr>
<tr><td>3</td><td>实训记录</td><td>20</td><td colspan="2">记录规范、完整,计算准确</td><td></td></tr>
<tr><td>4</td><td>实训纪律</td><td>15</td><td colspan="2">遵守课堂纪律,无事故,仪器未损坏</td><td></td></tr>
<tr><td>5</td><td>团队合作</td><td>15</td><td colspan="2">服从组长安排,能配合其他成员工作</td><td></td></tr>
<tr><td colspan="6">实训总结与反思:

小组其他成员评价得分:______、______、______、______
组长评价得分:______</td></tr>
</table>

八、教师评价

<table>
<tr><td>实训项目</td><td colspan="5"></td></tr>
<tr><td>小组编号</td><td colspan="2"></td><td>场地号</td><td>实训者</td><td></td></tr>
<tr><td>序　号</td><td>考核项目</td><td>分　值</td><td colspan="2">实训要求</td><td>考核评定</td></tr>
<tr><td>1</td><td>操作程序</td><td>20</td><td colspan="2">操作动作规范,操作程序正确</td><td></td></tr>
<tr><td>2</td><td>操作速度</td><td>20</td><td colspan="2">按时完成实训</td><td></td></tr>
<tr><td>3</td><td>安全操作</td><td>10</td><td colspan="2">无事故发生</td><td></td></tr>
<tr><td>4</td><td>数据记录</td><td>10</td><td colspan="2">记录规范,无转抄、涂改、抄袭等</td><td></td></tr>
<tr><td>5</td><td>测量成果</td><td>30</td><td colspan="2">计算准确,精度符合规定要求</td><td></td></tr>
<tr><td>6</td><td>团队合作</td><td>10</td><td colspan="2">服从组长安排,能配合其他成员工作</td><td></td></tr>
<tr><td colspan="6">存在的问题:

指导教师:　　　　　　　　　　　　评价时间:</td></tr>
</table>

综合实训项目四
数字化测图

一、目的和要求

1. 掌握全站仪数据采集的方法和地物地貌点的选择与取舍。
2. 地形图草图绘制方法。
3. 全站仪数据传输。
4. 地形图编辑出图。

二、实训仪器和工具

全站仪一台、脚架两副、对中杆一根、大棱镜一个、小棱镜一个、2 m 钢卷尺一个、安装有南方 CASS 9.1 数字测图软件的计算机一台。

三、实训内容

1. 由实训指导教师指定面积约 250 m×150 m 的测图场地，要通视条件良好，地物齐全，难度适中，并提供一个控制点、一个公共定向点和一个检查点。内业编辑成图在规定的机房内完成。

2. 测图技术标准：

(1)《1∶500 1∶1 000 1∶2 000 外业数字测图技术规程》(GB/T 14912—2017)。

(2)《国家基本比例尺地图图式　第 1 部分　1∶500　1∶1 000　1∶2 000 地形图图式》(GB/T 20257.1—2017)。

(3)《工程测量规范》(GB 50026—2007)。

3. 外业:碎部测量(数据采集)。

(1)新建文件。

(2)文件操作。

(3)测站定向:先后输入测站点和后视点坐标后进行定向。

(4)数据采集:碎部点测量、存储,并绘制"草图"。

①外业数据采集应根据实地情况,在图根点上设站,采用全站仪采集时最大测距长度不超过 160 m。测前、测后均需进行定向检查。

②个别无法直接施测的地物点,可根据已经施测出的地物点坐标,通过钢尺量取栓距,求出其坐标。

③数据采集时使用专用图纸绘制实地草图,不得使用计算机(含 PDA 等)和其他图纸绘制草图。

④数据采集结束后,在规定的时间内将采集到的数据传输至指定的计算机。

4. 内业:CASS 成图。

(1)数据传输:将坐标数据文件 *.dat 从全站仪导出至计算机。

(2)CASS 展点:打开 CASS,展点。

(3)CASS 绘图:绘制地物和等高线。图上表示的要素未作说明的按国家标准的地图图式的规定表示。

绘制的内容及要求如下(以下未作说明的地物按国家标准的地形图图式的规定表示):

①图根测量控制点。

②水系:

a. 池塘边线用一般加固岸符号表示。

b. 池塘内和岸边的石块不表示。

③居民地和设施:

a. 单幢房屋的轮廓线以墙基外角为准。

b. 厕所按外轮廓线表示,加注"厕"。

c. 路边和树下供休息用的坐凳不表示。

④交通:道路边线用实线表示。

⑤管线:地下管线不表示。内部道路和草地上的上下水、各种检修井孔、消火栓、检修井孔、污水雨水箅子应表示。

⑥地貌:绿地内和路边的石块不表示。地形特征的高程点按指定位置实测。

⑦植被:

a. 内部道路两边成行行树用国家标准图式中的行树符号表示。

b. 草地按人工绿地表示。

(4)图形检查:检查是否遗漏地形要素,若遗漏应立即补测。

(5)图形编辑整饰:图名、图框、接图表、图例、比例尺、指北针、注记、填充颜色或图案、制图单位、坐标系统、高程系、测图日期、绘图员、测量员、审核员等。

四、提交成果

成果提交:电子资料(*.dat 坐标文件、地形图)、纸质(草图、彩色 A3 地形图)。

五、成果质量成绩评定标准

成果质量成绩主要从各小组的作业速度、测图精度、地形图编绘等方面考虑,采用百分制。

(一)作业速度

作业速度按各组用时统一计算,统一开始计时,上交成果时计时结束,时间以秒为单位。得分计算方法:

$$S_i = \left(1 - \frac{T_i - T_1}{T_n - T_1} \times 40\%\right) \times 40$$

式中:T_1 为各组中用时最少的时间,T_n 各组中不超过最大时长的用时最多的时间,第 i 组实际用时为 T_i。

(二)测图精度评分(20 分)

项目与分值	测评内容	评分标准
测图精度(20 分)	边长检查(10 分)	检查内容为明显的地物,如房屋的长度、道路的宽度等。要求相邻地物点间距的中误差小于 0.15 m。共检查 10 处,每超限一处扣 1 分,扣完为止
	坐标检查(10 分)	检查内容为明显的地物,如房屋的角点、道路的拐点、雨箅中心等。要求点位中误差小于 0.15 m。共检查 10 处,每超限一处扣 1 分,扣完为止

(三)地形图编绘(40 分)

项目与分值	测评内容	评分标准
地形图编绘(40 分)	错误及违规(10 分)	出现重大错误或重大违规扣 10 分,一般性错误或违规扣 1 ~5 分,扣完为止
	完整性与正确性(15 分)	图上内容取舍合理,主要地物(房屋、道路与花坛等)漏测一项扣 2 分,次要地物(路灯、窨井、高程点等)漏测一项扣 1 分,扣完为止

续表

项目与分值	测评内容	评分标准
地形图编绘（40分）	符号和注记(8分)	地形图符号和注记用错一项扣1分,扣完为止
	整饰(7分)	地形图整饰应符合规范要求,缺、错一项扣1分,扣完为止

六、自我评估与同学互评

实训项目					
小组编号		场地号		实训者	
序　号	评估项目	分　值	实训要求	自我评定	
1	任务完成情况	30	按时按要求完成实训任务		
2	测量精度	20	成果符合限差要求		
3	实训记录	20	记录规范、完整,计算准确		
4	实训纪律	15	遵守课堂纪律,无事故,仪器未损坏		
5	团队合作	15	服从组长安排,能配合其他成员工作		
实训总结与反思: 小组其他成员评价得分:＿＿＿＿＿＿、＿＿＿＿＿＿、＿＿＿＿＿＿、＿＿＿＿＿＿ 组长评价得分:＿＿＿＿＿＿					

七、教师评价

实训项目					
小组编号		场地号		实训者	
序　号	考核项目	分　值	实训要求	考核评定	
1	操作程序	20	操作动作规范,操作程序正确		
2	操作速度	20	按时完成实训		
3	安全操作	10	无事故发生		
4	数据记录	10	记录规范,无转抄、涂改、抄袭等		

续表

序　号	考核项目	分　值	实训要求	考核评定
5	测量成果	30	计算准确,精度符合规定要求	
6	团队合作	10	服从组长安排,能配合其他成员工作	
存在的问题:				
指导教师:			评价时间:	

参考文献

[1] 中国有色金属工业协会. 工程测量规范:GB 50026—2007[S]. 北京:中国计划出版社,2008.

[2] 北京市测绘设计研究院. 城市测量规范:CJJ/T 8—2011[S]. 北京:中国建筑工业出版社,2012.

[3] 李青岳,陈永奇. 工程测量学[M]. 北京:测绘出版社,1997.

[4] 武汉测绘科技大学《测量学》编写组. 测量学[M]. 3 版. 北京:测绘出版社,2000.

[5] 胡伍生,潘庆林,黄腾. 土木工程施工测量手册[M]. 北京:人民交通出版社,2005.

[6] 覃辉. 土木工程测量[M]. 上海:同济大学出版社,2006.

[7] 李生平. 建筑工程测量[M]. 北京:高等教育出版社,2002.

[8] 李仲. 建筑工程测量[M]. 北京:高等教育出版社,2007.

[9] 刘星,吴斌. 工程测量学[M]. 重庆:重庆大学出版社,2011.

[10] 何习平. 建筑工程测量实训指导[M]. 北京:高等教育出版社,2004.

[11] 魏国武. 地形测量实训指导书[M]. 北京:测绘出版社,2011.

[12] 柳小燕. 工程测量[M]. 2 版. 北京:中国建筑工业出版社,2016.

[13] 陈兰云. 建筑工程测量[M]. 2 版. 北京:人民交通出版社,2015.

建筑工程测量实训

记录页

建筑工程测量实训

记录页

建筑工程测量实训

记录页

记录页

建筑工程测量实训

记录页

建筑工程测量实训

记录页

建筑工程测量实训

记录页

建筑工程测量实训

记录页

建筑工程测量实训

记录页

建筑工程测量实训

记录页

建筑工程测量实训

记录页

建筑工程测量实训

记录页

建筑工程监量实训

记录页

建筑工程测量实训

记录页

建筑工程测量实训

记录页

记录页

建筑工程测量实训

记录页

建筑工程测量实训

记录页